小扁豆

杨晓明 王梅春 主编

中国农业科学技术出版社

图书在版编目(CIP)数据

小扁豆 / 杨晓明，王梅春主编 . — 北京 ： 中国农业科学技术出版社， 2021.4

ISBN 978-7-5116-5149-5

Ⅰ. ①小… Ⅱ. ①杨… ②王… Ⅲ. ①兵豆 – 栽培技术 Ⅳ. ① S529

中国版本图书馆 CIP 数据核字（2021）第 020750 号

责任编辑 于建慧
责任校对 贾海霞
责任印制 姜义伟 王思文

出 版 者 中国农业科学技术出版社
北京市中关村南大街 12 号 邮编：100081
电　　话 （010）82109708（编辑室）（010）82109702（发行部）
（010）82109709（读者服务部）
传　　真 （010）82106650
网　　址 http://www.castp.cn
经 销 者 各地新华书店
印 刷 者 北京建宏印刷有限公司
开　　本 880mm × 1 230mm 1 /32
印　　张 4.125
字　　数 106 千字
版　　次 2021 年 4 月第 1 版 2021 年 4 月第 1 次印刷
定　　价 50.00 元

《小扁豆》编委会

主　编　杨晓明（甘肃省农业科学院作物研究所）

王梅春（定西市农业科学研究院）

编　委（按姓氏笔画排序）

连荣芳（定西市农业科学研究院）

肖　贵（定西市农业科学研究院）

闵庚梅（甘肃省农业科学院作物研究所）

张丽娟（甘肃省农业科学院作物研究所）

曹　宁（定西市农业科学研究院）

墨金萍（定西市农业科学研究院）

作者分工

前言……………………………………………………………………王梅春

第一章　小扁豆起源、分布与分类…………………………………杨晓明

第二章　植物学特征与生物学特性…………………………………曹　宁

第三章　生长发育及对生态（环境）条件的要求…　闵庚梅、张丽娟

第四章　种植方式与栽培技术………………………………………肖　贵

第五章　病虫草害综合防控…………………………………………杨晓明

第六章　营养品质与综合利用………………………………………连荣芳

第七章　种质资源研究与遗传育种…………杨晓明、王梅春、连荣芳

第八章　生产现状及产业发展

…………………　杨晓明、王梅春、肖　贵、连荣芳、墨金萍

内容简介

小扁豆主要在中国中西部生态条件相对较差的高原和高寒、干旱半干旱地区种植，尚未被人们普遍认识。本书以理论与生产实际相结合，对这一豆科作物予以较全面而系统的介绍。全书由八章组成。包括小扁豆起源、分布与分类；植物学特征和生物学特性；生长发育及其对生态条件的要求；种植方式与栽培技术；病虫草害综合防控；营养品质与综合利用；种质资源研究与遗传育种；生产现状及产业发展等方面内容。小扁豆在中国目前的科研和生产现状可用“少、小、特、优、新”来概括。本书的出版可供农业院校有关专业师生和农业科技工作者参考和应用。

前　言

小扁豆（*Lens culinaris* Medik.），是一种食用豆，又名滨豆、兵豆、洋扁豆、鸡眼豆等，英文名 Lentil，是豆科（Leguminosae）蝶形花亚科（Papilionoideae）野豌豆族（Vicieae）小扁豆属（*Lens*）中的一个栽培种，一年生或越年生草本植物，自花授粉，染色体数 $2n=2x=14$。

小扁豆在中国栽培历史悠久。据叶静渊（1995）考证，小扁豆是一种古老的作物，栽培历史已有 8 000~9 000 年，起源于亚洲西南部和地中海地区，通过古丝绸之路传入中国。引入后，明、清时期主要在甘肃、宁夏、内蒙古、陕西和山西等省（区）栽培推广，民国年间扩展到河北省、河南省以及云南省的部分地区。20 世纪初发展到四川省北部，进入 21 世纪，小扁豆主要在中西部生态条件相对较差的高原和高寒、干旱半干旱地区种植，主产区在甘肃、宁夏、陕西、山西、云南、内蒙古、西藏等省（区），四川、河南、河北、青海、江苏、安徽等省也有零星种植。长期以来，各主产区对小扁豆的种植面积和产量缺乏单独系统的统计，数据资料常被包括在夏杂粮和秋杂粮的统计数据之中，程须珍（2016）主编的《饭豆、小扁豆等生产技术》一书中统计，中国年种植面积约 135 万亩*，居世界第十位。

大部分人对小扁豆不了解，常与扁豆属的扁豆（*Dolichos lablab* L.）

* 1 亩 ≈ 667m²。全书同。

混淆；而扁豆是一种常见的豆类蔬菜，除高寒地区外各地都有栽培。这种情况不仅存在于古籍中，在主产区人们的日常语言中也常将小扁豆的“小”字省略，称为“扁豆”，在现代研究发表的论文、论著中也常将论述小扁豆的内容写作“扁豆”，也有人将两者的食用部位、药用种类相混淆，常见表述如“小扁豆的豆芽，以及嫩荚、嫩叶都是优质蔬菜”等，其实，小扁豆的叶为互生羽状复叶，叶间有卷须或刚毛，荚内含 1~2 粒种子，嫩荚和嫩叶都不能做蔬菜食用。

史籍中，大都将小扁豆记作“扁豆”，北方，尤其是西北诸省的地方志多有出现，例如，乾隆十三年（1748 年）陕西《商南县志》，乾隆十九年（1754 年）陕西《白水县志》，嘉庆二十年（1815 年）甘肃《永昌县志》，光绪六年（1880 年）山西《猗氏（今临猗）县志》，光绪七年（1881 年）内蒙古《丰镇厅志》，光绪九年（1883 年）内蒙古《清水河厅志》，民国七年（1918 年）宁夏《朔方道志》，民国十七年（1928 年）河北《怀安县志材料》等，便可发现其中所记的“扁（藊、匾）豆”不是指“扁豆”（*Dolichos lablab L.*），仅乾隆五十七年（1792 年）青海《循化厅志》称之为“小扁豆”。

在所查阅的著作及科研档案资料中，将地方农家小扁豆品种以“地名 + 扁豆”命名的品种较多；外引小扁豆以“颜色（国名）+（小）扁豆”表示，这是在当地通用的表述方式。因本书主述小扁豆（*Lens culinaris* Medik.），故在引用过程中尊重这种表述，如彬县扁豆、定西扁豆、中绿扁豆、加拿大小扁豆等。在栽培技术章节，为了使广大读者更为详细地了解不同区域根据当地的气候条件和生产实际情况总结出的小扁豆栽培技术，较为全面地引用了原作者的内容。

在我国，小扁豆与其他食用豆类相比，对其研究的单位少，可查阅的资料少，品种方面，1996 年以前，生产中种植的小扁豆主要是地方品种，目前，全国经审（认）定的小扁豆品种只有 9 个，其中 1996—2000 年 3 个，2009—2015 年 6 个，这些品种主要集中在甘肃省、宁夏回族自治区和山西省等省（区），且多是从地方品种或外引品种中选育而成；生产方面，小扁豆多分布在远离城镇、工业区的无污染源的贫困山区，生产过程无农药残留超标、化肥施用过量之忧，是纯天然的绿色食品。在新的历史条件和市场环境下，充分发挥小扁豆耐旱、耐瘠、抗逆性强、稳产性好，而且还能把土壤中难溶性磷富集为有效态，增加土壤速效磷含量等特点，符合“一控二减三基本”的农业可持续发展理念，在旱作农业的可持续发展中具有重要作用。

本书由甘肃省农业科学院作物研究所、定西市农业科学研究院粮食作物研究所的科研人员共同完成。全书在保持各章节内容尽可能全面、延续的基础上，力求将最新研究进展提供给生产、良种繁育和加工等领域的科研、教学相关人员参考。

在本书的编写过程中，承蒙中国农业科学院作物科学研究所曹广才研究员为此书的策划以及统稿等方面付出了辛勤的劳动和精力；本书得以顺利完成，相关专家提供了宝贵的资料，参编单位科研人员在完成科研任务的同时，利用业余时间笔耕不辍，定西市农业科学研究院食用豆课题组提供种子、叶片、田间照等大量图片，在此谨致诚挚的谢意。

本书出版得到了“十三五”国家食用豆产业技术体系（CARS-09）和甘肃省科技重大专项——小杂粮作物新品种选育与示范（18ZD2NA008—03）等项目的资助。

限于作者水平及经验，书中定有不当或纰漏之处，敬请同行专家及读者批评指正。

王梅春

2020 年 8 月

目　录

第一章　小扁豆起源、分布与分类

第一节　起源与演化

小扁豆这个词来源于拉丁语“透镜”（lens）。小扁豆是最古老的作物之一，与小麦、大麦、青稞、豌豆、亚麻同时被驯化。根据瓦维洛夫提出的作物起源中心标准，栽培种小扁豆有印度、中东两个起源中心；野生种小扁豆有多个起源中心。到目前为止，大部分学者通过考古学的证据认为，小扁豆起源于亚洲西南部和地中海东部地区，即阿富汗、印度和土耳其之间区域。大约公元前 9000 年，在土耳其的哈西拉尔、叙利亚的拉玛德、伊拉克的贾莫、巴勒斯坦的杰里科、约旦的贝达因和伊朗的阿里科什等地区新石器时代早期遗址中发现了野生小扁豆残骸。在公元前 10500 年叙利亚穆拉比特发现了最为古老的野生小扁豆碳化残骸。古希腊小扁豆种植可追溯到公元前 8000 年，在幼发拉底河岸边的考古发掘中发现了扁豆制品，表明埃及人和罗马人食用这种豆类。公元前 7000—公元前 6000 年小扁豆在近东地区和土耳其南部开始种植，并于公元前 7000—公元前 5000 年的新石器时代由爱琴海经多瑙河谷传入欧洲中部，到公元前 4000—公元前 3000 年的青铜器时代已广泛分布到地中海、亚洲等地，随后到公元前 500—公元前 3000 传入法国、德国等西欧国家，中国的小扁豆种植大约在公元前 5000 年由印度传入。扁豆在《圣经》中也被提到过好几次，《创世纪》和以扫的故事就是一个例子。以扫为了一碗红扁豆和一个面包，放弃了他与生俱来的权利。

第二节 分 布

小扁豆适于冷凉气候，多种在温带和亚热带地区，热带地区冷凉高海拔和干旱半干旱地区也有种植。在非洲热带地区，小扁豆多种植在苏丹、厄立特里亚、埃塞俄比亚（主要在北部、中部和东部高地）、肯尼亚、坦桑尼亚、马拉维、津巴布韦、马达加斯加和毛里求斯，摩洛哥、突尼斯、阿尔及利亚、利比亚、埃及和南非也有种植。全球年种植小扁豆 10 000hm^2 以上的国家有 20 个，主要分布在西亚、北非、南亚、东非、北美洲和大洋洲等地区。

加拿大和印度是世界上最大的小扁豆生产国，2017 年，两国小扁豆生产占世界生产总量的 65%，其中，加拿大生产 373 万 t，印度 122 万 t，分别占世界总产量的 49% 和 16%，其次为土耳其（8%）、美国（6%）、尼泊尔（4%）、澳大利亚（4%）、中国（3%）。加拿大和美国生产的小扁豆主要是绿子叶小扁豆，而其他国家主要以红小扁豆生产为主，北美产的小扁豆种子比印度和中东产的大。

小扁豆在中国历史上曾有过较大面积的种植，现在面积不大，主产区为河南、陕西、甘肃、山西、内蒙古自治区、宁夏回族自治区等省（区），青海、云南和四川等地也有零星种植。目前，小扁豆的种植区域大都分布在老少边远地区。

第三节 分 类

小扁豆属与其他属如巢菜属（*Vicia* L.）和山黧豆属（*Lathyrus* L.）相比，是一个很小的属，目前普遍认为小扁豆属由 4 个种的 7 个分类群组成。小扁豆属中只有一个亚种是栽培种（*Lens culinaris* subsp. *culinaris*）。6 个野生种为：*L. culinaris* ssp. *odemensis* Ladiz.; *L. culinaris* ssp. *orientalis* (Boiss) Ponert; *L. ervoides* (Brign) Granade; *L. lamottei* Czefr; *L. nigricans* (Bieb) Godron; *L. tomentosus* Ladiz.。野生种 *L. culinaris* subsp. *orientalis* 与栽培种亲缘关系较近，杂交可正常结实，该野生种为栽培种的祖先。

小扁豆栽培种（*Lens culinaris*），根据种子大小和形状又分为大粒亚种（*L. Culinaris* ssp. *macrosperma*）和小粒亚种（*L. Culinaris* ssp. *microsperma*），通常认为大粒亚种比小粒亚种进化程度更高。大粒亚种花大，白色有纹，少数为浅蓝色，荚果和籽粒均大而扁，子叶通常为黄色，种皮浅绿或带斑点，小叶大，卵形。小粒亚种花小，白色或粉红色，荚果与籽粒小或中等，子叶呈红、橘红或黄色，籽粒形如凸透镜，种皮浅黄至黑色，花纹不一，小叶小，长条形或披针形。欧洲南部、非洲北部和美洲栽培的主要是大粒亚种；印度次大陆、阿富汗和埃及等国主要栽培小粒亚种。亚洲西部和欧洲东部，两个亚种都有广泛栽培（表 1–1）。

表 1–1　小扁豆大粒亚种和小粒亚种形态特征区别

项目	大粒亚种	小粒亚种
种子	大，扁平，直径 6~8mm，千粒重 40~90g，种皮浅绿或带斑点	小或中，扁圆，直径 2~6mm，千粒重 10~40g，形凸透镜，种皮浅黄至黑色，花纹不一
子叶色	黄色、橙色	红色、橙色、黄色、绿色
荚果	大，扁平，长 15~20mm	小至中，凸面，长 6~15mm
花	大，长 7~9mm，白色有纹，少有浅蓝色，花梗上着生 2~3 朵花	小，长 4~7mm，白色、紫色，或粉红色，花梗上着生 1~4 朵花
小叶	大，卵形	小，长条或披针形
株高	25~75cm	15~35cm
主产地区	地中海、西半球（欧美）	地中海、西半球（欧美）

注：资料引自龙静宜等编著的《食用豆类作物》，科学出版社，1989。

本章参考文献

孙信成，田军，张忠武，等，2019. 小扁豆种质资源主要农艺性状和品质性状的相关性研究 [J]. 湖南农业科学（11）: 16–20.

杨秀英，杨国华，苏震云，等，2000. 小扁豆核型的比较分析 [J]. 华北农学报（2）: 40–43.

叶静渊，1995.《马首农言》中的“扁豆”考辨 [J]. 中国农史（1）: 112–113.

Abo-Elwafa A, Murai K, Shimada T, 1995.Intra- and inter-specific variations in Lens revealed by RAPD markers[J]. Theoretical and Applied Genetics, 90(3–4): 335–340.

Bhadauria V, Ramsay L, Bett K E, et al., 2017. QTL mapping reveals genetic determinants of fungal disease resistance in the wild lentil species Lens ervoides[J]. Scientific Reports, 7(1): 3 231.

Bhadauria V, Wong M M, Bett K E, et al., 2016. Wild help for enhancing genetic resistance in lentil against fungal diseases[J]. Curr Issues Mol Biol, 19: 3–6.

Bowness R, Olson M A, Pauly D, et al., 2019. Agronomic practices for red lentil in Alberta [J]. Canadian Journal of Plant Science, 99(6): 834–840.

Cokkizgin A, 2013. Lentil: Origin, cultivation techniques, utilization and advances in transformation[J]. Agricultural Science, 1(1): 55–62.

Coyne C, Mcgee R, 2013. Genetic and genomic resources of grain legume improvement[Z]. Oxford: Elsevier.

Dikshit H K, Singh A, Singh D, et al., 2015. Genetic diversity in lens species revealed by EST and genomic simple sequence repeat analysis[J]. Plos

One, 10(9): 138 101.

Ford R, Pang E C K, Taylor P W J, 1997. Diversity analysis and species identification in Lens using PCR generated markers[J]. Euphytica, 96(2): 247–255.

Fratini R, Ruiz M L, de la Vega M P, 2004. Intra-specific and inter-sub-specific crossing in lentil (*Lens culinaris* Medik.) [J]. Canadian Journal of Plant Science, 84(4): 981–986.

Gorim L Y, Vandenberg A, 2017. Root traits, nodulation and root distribution in soil for five wild lentil species and *Lens culinaris* (Medik.) grown under Well-Watered conditions[J]. Front Plant Sci, 8: 1 632.

Guiguitant J, Marrou H, Vadez V, et al., 2017. Relevance of limited-transpiration trait for lentil (*Lens culinaris* Medik.) in South Asia[J]. Field Crops Research, 209: 96–107.

Gupta D S, Kumar J, Gupta S, et al., 2018. Identification, development, and application of cross-species intron-spanning markers in lentil (*Lens culinaris* Medik.) [J]. The Crop Journal, 6(3): 299–305.

Idrissi O, Udupa S M, Houasli C, et al., 2015. Genetic diversity analysis of Moroccan lentil (*Lens culinaris* Medik.) landraces using simple sequence repeat and amplified fragment length Polymorphisms reveals functional adaptation towards agro-environmental origins[J]. Plant Breeding, 134(3): 322–332.

Khazaei H, Caron C T, Fedoruk M, et al., 2016. Genetic diversity of cultivated lentil (*Lens culinaris* Medik.) and its relation to the world's agro-ecological zones[J]. Front Plant Sci, 7: 1 093.

Kouvoutsakis G, Mitsi C, Tarantilis P A, et al., 2014. Geographical differentiation of dried lentil seed (*Lens culinaris*) samples using diffuse reflectance Fourier transform infrared spectroscopy (DRIFTS) and discriminant analysis [J]. Food Chem, 145: 1 011–1 014.

Kumari M, Mittal R K, Chahota R K, et al., 2015. Genetic diversity analysis of inter sub-specific and intra-specific derivatives of lentil (*Lens Culinaris* Medik.) to understand their Potential to widen the genetic Base of cultivated lentils Based on morpho-physiological and PCR based molecular markers[J]. Procedia Environmental Sciences, 29: 130–131.

Ladizinsky G, 1979. The origin of lentil and its wild genepool[J]. Euphytica, 28(1): 179–187.

Liu J, Guan J, Xu D, et al., 2008. Genetic Diversity and population structure in lentil (*Lens culinaris* Medik.) germplasm detected by SSR markers[J]. Acta Agronomica Sinica, 34(11): 1 901–1 909.

Longobardi F, Casiello G, Cortese M, et al., 2015. Discrimination of geographical origin of lentils (*Lens culinaris* Medik.) using isotope ratio mass spectrometry combined with chemometrics [J]. Food Chem, 188: 343–349.

Longobardi F, Innamorato V, Di Gioia A, et al., 2017. Geographical origin discrimination of lentils (*Lens culinaris* Medik.) using (1) H NMR fingerprinting and multivariate statistical analyses[J]. Food Chem, 237: 743–748.

Mbasani-Mansi J, Ennami M, Briache F Z, et al., 2019. Characterization of genetic diversity and population structure of Moroccan lentil cultivars and landraces using molecular markers [J]. Physiol Mol Biol Plants, 25(4): 965–974.

Mohar S, Sandeep K, Kumar B A, et al., 2020. Evaluation and identification of wild lentil accessions for enhancing genetic gains of cultivated varieties[EB/OL]. Plos One, 15. https://doi.org/101371/journal.pone.0229554.

Pratap A, Kumar J, Kumar S, 2014. Evaluation of wild species of lentil for agro-morphological traits[J]. Legume Research-An International Journal, 37(1): 11.

Samaranayaka A, 2017. Chapter 11-Lentil: Revival of poor man's meat: sustainable protein Sources[Z]. San Diego: Academic Press.

Singh M, Bisht I S, Dutta M, et al., 2014. Genetic studies on morpho-phenological traits in lentil（*Lens culinaris* Medik.） wide crosses[J]. J Genet, 93(2): 561–566.

Singh M, Rana J C, Singh B, et al., 2017. Comparative Agronomic Performance and Reaction to Fusarium wilt of *Lens culinaris* L. orientalis and *L. culinaris* L. ervoides derivatives[J]. Front Plant Sci, 8: 1 162.

Varghese N, Dogra A, Sarker A, et al., 2019. The lentil economy in india: lentils potential resources for enhancing genetic gains[Z]. Singh M:Academic Press.

Yadav S S, Mcneil D, Stevenson P C, 2007. Lentil : an ancient crop for modern times[Z]. Dordrecht: Springer.

第二章　植物学特征与生物学特性

第一节　植物学特征

小扁豆为一年生或越年生草本植物，是出苗后子叶留于土中的豆科作物，因而苗期受冷害、虫害、放牧或农药残毒为害而死亡的可能性比子叶出土的豆科作物小。小扁豆株高一般为 20~50cm，有矮丛生、直立和半蔓生 3 种类型，小扁豆的株高会因开花延迟或整个生育期延长而增加。

一、根

小扁豆的根属直根系，由主根、侧根和根瘤等几部分组成。按照根系的生长发育特点可分为 3 种类型。

1. 浅根系

根长约 15cm，侧根多，并有旺盛的根瘤。

2. 深根系

主根细长，入土约 35cm。

3. 中间类型

根系长度和侧根数量介于浅根系与深根系之间。

小扁豆 3 种不同类型的根系，与不同的土壤类型、小扁豆的分枝类型和籽粒大小有关。籽粒小的遗传类型（小粒亚种），根系的分布范围较狭窄，属浅根系，适于轻壤土中种植。籽粒大的遗传类型（大粒亚种），根系分布范围广而且入土较深，更适于在重壤土中种植。

小扁豆与豌豆族根瘤菌共生，根瘤呈长柱形，有时也有分叉，形状不规则，而且有顶端分生组织。根瘤长度极少超过 5mm。

二、茎

小扁豆的茎通常呈浅绿色，但有些类型的小扁豆茎的基部或整个茎部都含色素，呈紫色，方形、有棱，被极短绒毛。

下部节间较短，上部节间逐渐加长，在株高约为 3/4 处，节间又开始缩短。茎基部木质化，多分枝，且分枝节位很低，几乎与地面接近。

分枝数随类型和生长的生态环境而异，在环境温度较冷凉时，很多小扁豆品种的分枝数会因种植密度的不同而显著变化。就同一株小扁豆而言，它既可以是独茎无分枝，也可以生出多条分枝，分枝可以紧凑也可以疏散。例如，在一项试验中，同一个栽培品种，当群体密度从 444 株 /m^2 减少到 56 株 /m^2 时，其单株分枝则从 4.2 条增加到 75.3 条。

三、叶

小扁豆叶为互生羽状复叶，叶间有卷须或刚毛。小叶卵形，长约 1cm，全缘，两面被白色长绒毛；无柄，浅绿色或蓝绿色，冷凉气候会使小叶变成紫红色，小叶对生，一般为 4~7 对，最多时达 14 对，也有少数互生的。有些品种的顶端小叶变为卷须或刺毛。每片小叶基部有叶枕。初生的第 1~2 片叶是单叶或 2 片小叶，以后便是羽状复叶。复叶基部有叶枕，缺水时可使复叶闭合以减少水分蒸发。

四、花

小扁豆花腋生，为总状花序。花序轴及总花梗密被白色绒毛，花梗较细，长 3~4cm，通常每个花序上有 1~3 朵小花，少数有 4 朵。一般每株有 10~150 个花序。花小，长 4~9mm，为典型的蝶形花。花冠白色、粉红色、浅紫蓝色或白色有蓝色的纹。花萼筒状，萼 5 裂，裂片线状披针形，与花瓣等长或长于花瓣。旗瓣倒卵形，翼瓣、龙骨瓣有瓣柄和耳。

二体雄蕊（9+1），花柱短而弯曲，有细毛，柱头稍膨胀具腺体。子房无毛，具短柄，花柱顶扁平，近轴面有髯毛。自花授粉作物，异交结实率小于 0.5%~0.8%。一般晴天 9—10 时开花，如遇阴雨天则下午才开花，花序开花顺序是自下而上。荚果在开花后 3~4d 出现。

五、荚果

小扁豆花序结荚较少，多数花梗一般只结 1 荚，极少数结荚 3~4 个。荚果长椭圆形，两侧扁，光滑，基部圆或稍带楔形，顶部短而尖，无毛，长 1~2cm，宽 0.4~1cm，成熟荚黄色或褐色，每荚有种子 1~2 粒，极少数含 3 粒或 4 粒种子，单株荚数受环境和基因型互作的影响大。

六、种子

小扁豆种子籽粒扁薄，两面凸出，是典型的凸透镜形，直径 2~9mm。种子表面平滑，少数大粒种子表面有皱纹。种皮有浅红、黄、黑、绿、灰褐等色，或带斑点、斑纹等，这些斑点、纹路的颜色深浅有不少变化；子叶颜色有黄、橙黄、红、橄榄绿等。种脐小，窄椭圆形，小粒类型百粒重 1~4g，大粒类型百粒重 4~9g。

小扁豆种子休眠期长短存在着遗传上的差异，有的品种在收获后 3~4 周内就能度过休眠期，另一些品种则长些。打破休眠常用的方法是在充气的水中浸泡 4~8h 或在 −15℃下冷冻 12h 左右。

第二节　生物学特性

一、分枝特性

小扁豆出苗后，在主茎近地面的叶腋间产生第一个分枝，出现分枝的时期称为分枝期。

随着植株的生长，不断产生一级分枝，在一级分枝上又产生二级分枝；一般情况下，一级分枝多为有效分枝，二级分枝多为无效分枝。分枝多少与品种、播种期、密度、土壤肥力等有关。同一品种的分枝早播多于晚播，稀植多于密植，高肥力地块多于低肥力地块。分枝期是小扁豆营养生长的旺盛期，又是花芽开始分化的时期，充足的水分和养分可促进有效分枝的增加，促进花芽分化，为丰产奠定基础。

二、开花习性

对小扁豆的生育规律的研究国内报道甚少。张传乃等（1990）以大荔小扁豆和彬县小扁豆为供试材料，从生态学角度观察了小扁豆的生育过程及其与气候条件的关系。

1. 开花日数与盛花期

（1）开花日数　在平均气温9.7~25.6℃，相对湿度46%~88%的气象条件下，开花期为4月20日至5月26日，大荔小扁豆花期25~33d，彬县小扁豆26~31d。

（2）开花数量　有品种间差异。单株开花114~278朵，大荔小扁豆平均153.3朵，彬县小扁豆平均196朵。盛花期在5月3—20日，开花数占开花总数的84%，盛花期前的13d开花数占总花数14.1%，盛花期的后6d占总花数1.9%。

（3）每日开花时间　在晴天定时观察，上午开花最多，占全天开花总数94.4%，尤以9—12时开花最盛，开花数占全天开花总数的48.2%，12时以后开花明显下降，18时还有少量开花。

平均单株每日开花10.8朵，其中，上午10.2朵，下午0.6朵。

2. 开花与温度、湿度的关系

（1）开花与温度的关系　小扁豆在14~22℃开花较多，占80.1%，10℃以下和26℃以上开花极少，甚至没有。品种间有差异，大荔小扁豆开花在10~26℃，彬县小扁豆在10℃以下可开花1.1%，24℃以上不再开花。

（2）开花与湿度的关系　开花集中在相对湿度50%~80%，占花朵总数82.4%，湿度<40%和>80%时开花甚少。彬县小扁豆湿度在26%以下还有少量开花。

3. 开花次序

从4月20日至5月26日每天在田间观察1次开花数量与部位，37d内共观察到446朵花。

小扁豆开花均为由内向外、由下而上开放。

（1）主茎与分枝开花数　小扁豆分枝一般10个左右。分枝上花朵占90.3%，主茎上花朵占9.7%，分枝与主茎花朵数之比为9 ∶ 1。分枝上的花数，由下而上逐渐减少。

（2）结荚率　大荔小扁豆结荚率92.9%，彬县小扁豆结荚率93.2%，两品种平均结荚率为93.1%，从气象资料看，开花结荚的适宜温度为14~22℃，22℃以上则影响受精结荚。

三、花芽分化与结实率

小扁豆是一种很好的填闲作物，目前对其研究甚少。为更好地发挥该作物的生产潜力，提高产量，韩燕来等（1999）以小扁豆84-6为供试品种，对小扁豆的花芽分化进行了观察与研究。

1. 小扁豆小花分化时期的划分

小扁豆的小花分化是一个连续的过程，为了便于记载和描述，根据花器官的分化顺序，划分为以下 5 个时期。

（1）花芽原基分化期　当株高 7cm 左右时，主茎 12 节，一级分枝 3 个，长度分别为 0.6cm、7.4cm 和 4.6cm 时，每个叶片的叶腋都有腋芽，在主茎第 14 节（解剖节）的叶腋里和第 1 个一级分枝的第 10 节叶腋里（解剖节）出现明显的花芽原基，其特点是：小花原基呈现半圆形球状原始体，两侧有针状托叶 1~2 个，当第一朵小花原基出现时，第二朵小花的托叶出现，小花原基的大小为高 1.5μm，宽 1.14μm。

（2）花萼形成期　这个时期的特点是在花芽原基上先长出前萼，然后出现其他萼片原基，顶端凹陷，形成扁圆筒形，此期株高约 8.3cm，主茎有 13 个节，在第 14 节叶腋里，第一朵小花分化到此期，同时第二朵小花原基已出现，萼筒的大小为高 1.9μm，宽 1.52μm。

（3）花瓣原基分化期　花瓣原基分化的特点是在萼筒内侧出现了花瓣原基，与 5 个萼片互生，并以龙骨瓣、翼瓣、旗瓣顺次出现，此期株高平均 9cm 左右，主茎已有 15 个节，花芽原基的大小为高 3.84μm，宽 0.32μm。

（4）雌雄蕊分化期　雌蕊位于花器中央，呈乳头状突起，然后纵向生长，形成倒“U”字形的心皮，不久即形成花柱。雄蕊分化的特点是：在花瓣的内侧先出现第一轮 5 个雄蕊原基，与萼片对生，然后在第一轮雄蕊原基内侧与花瓣对生，与第一轮雄蕊互生又出现了第二轮雄蕊原基，继续分化出花药、花丝。此时的株高平均在 15cm 左右，主茎已有 16 个节。

（5）胚珠、花药、柱头形成期　胚珠呈肾脏形，着生在子房内的背缝线上，每个子房中有胚珠 2 个，柱头呈球形，稍向下弯曲，与花药接触，花药和花丝明显分开，10个雄蕊，9个基部联在一起，另1个单独离生，形成二体雄蕊，花瓣、萼片等覆盖物逐渐伸长，把生殖器官覆盖，形成蕾。此期植株高度为20cm，主茎已达17~19节。

2. 小扁豆的小花分化

经过解剖观察，小扁豆的小花分化表现出极大的野生植物特性，分化得早、分化得多、分化的时间长，占生育期的70%以上。前期慢，后期快，不同叶位小花分化时期相互重叠，不同节位相同花位和同一叶位不同花位小花分化有规律地进行。

返青后，花芽分化的速度随温度的回升逐渐加快，到4月中旬现蕾以后，由于植株的开花，植株下部和二级、三级分枝小花分化速度减慢或停止，植株上部的小花继续分化，而且分化的强度大，直到收获前3~5d，顶端的节仍有小花分化，4月初，在同一植株上可以观察到小花分化的各个时期。

（1）第1个一级分枝不同节位相同花位小花分化的差异　第1个一级分枝着生在主茎第一个退化叶的叶腋里，播种后30d左右出现，和主茎第4片真叶同时长出，每个节长出1片羽毛状的复叶，每长一片叶，叶腋里都有腋芽，1~8节的花芽分化很慢，而枝芽生长较快，形成了二级分枝，随着植株的生长，第9节以上各节枝芽停止生长，花芽分化加快，形成了花序，从第10节以上各节不同花位小花分化有规律地进行。第10节位的第1朵小花原基出现在2月16日，到4月3日小花分化到第5个时期，历时40d左右，第14节第1朵小花原基形成于3月初，历时35d左右，达到第5个时期。与此同时，第16节和第17节位的第1朵小花分化分别达到第2~3个发育时期，直到20节仍有小花分化，只是分化出的小花数目少，1个花序上只分化出1朵小花。

（2）第2个一级分枝不同节位相同花位小花分化进程　第2个一级分枝是由第2片退化叶的腋芽发育而成，于播种后35d左右开始生长，花芽分化的进程和第 1 个一级分枝的小花分化进程相似，只是时间相差 5~7d，都表现出 3 月 20 日以前花芽分化慢，3 月 20 日以后花芽分化逐渐加快。第 10 节位第 1 朵小花完成花芽分化的全过程需 35d 左右，第 10 节比第 11 节的第 1 朵小花发育的时间早 2~5d，愈向上，小花发育所需时间愈短，第 17 节位第 1 朵小花原基形成于 3 月 12 日左右，历时 25d 左右完成了小花分化的全过程。观察中还发现，小扁豆的小花分化从下到上不同节位相同花位的小花分化都是有规律地进行，所不同的是每朵小花的花器覆盖物生长快慢不同，差异较大，如第 2 个一级分枝第 11 节位的第 1 朵小花于 4 月 14 日开放，而第 10 节位的第 1 朵小花的花器覆物生长慢于第 11 节位第 1 朵小花，虽然花药已经变黄，终因营养不良而不能开放，这种小花退化的多少与土壤肥力的高低有密切关系。

（3）主茎花芽分化进程　小扁豆单株分枝愈多，主茎生长势愈弱，有些植株单株分枝多达 10 个以上，所以主茎在生长过程中逐渐衰弱或死亡，因此，主茎上的小花分化比一级分枝上的小花分化时间晚，而且快，小花着生的节位较高。根据观察，每 1 朵小花完成花芽分化全过程约 30d，当主茎高 10cm 左右时，可见节数为 13 节，此节位以下，每一个真叶叶腋里，都有花原基出现，但分化很慢，第 14 节以上各节位花芽分化加快，基本上和第 2 个一级分枝上的第 12 节位第 1 朵小花分化同步进行，第 13 节位第 1 朵小花于 3 月 2 日形成花原基，历经 30d 左右完成小花分化的全过程。节位愈高，小花分化经历的时间愈短。

（4）同一节位小花分化差异　同一节位的花序上，小花分化是从基部开始的，依次向上逐渐分化，从第 1 朵到第 3 朵小花分化表现出一定的规律性，主茎第 14 节位的花序上，当第 1 朵小花的花萼筒形成时，第 2 朵小花原基已经出现，到第 1 朵小花发育到第 3 个时期时，第 4 朵小花开始退化，形成一个棒状物，若遇不良环境条件时，第3朵小花开始退化或脱落。愈向植株上部，第3~4部小花退化愈严重。

小花发育后期，第2朵小花发育快于第1朵小花，当第1朵小花发育到第5个时期时，第2朵小花的萼片和花瓣等覆盖物已开始伸长，同一花序上，相邻两花位之间发育相差0.5~1d。

（5）一级分枝小花分化数目大于主茎　据观察，小扁豆的小花多集中在一级分枝上，主茎少。

统计数字表明，平均单株分化小花数215.3朵（以达到胚株、花药、柱头形成期为1朵小花，下同）。其中，第1个一级分枝有小花71.3朵，第2个一级分枝有小花63.2朵，第3个一级分枝上有花42.3朵，主茎有39朵，分别占总花数的33.1%、28.9%、19.6%和18.1%。当播种过深或土壤墒情差，第1个一级分枝发育不良时，小花多集中在第2个一级分枝上。据统计，平均单株有小花264朵，其中，第1个一级分枝有小花73.3朵，第2个一级分枝有小花138朵，第3个一级分枝上有小花20朵，主茎有小花33朵，分别占总花数的27.7%、52.4%、7.6%和12.7%。

（6）小扁豆小花退化的多，脱落严重　据1995年5月12日统计，平均单株有蕾、花、荚共239个，其中，败育的37个，退化小花（包括不能开花的蕾和脱落的蕾、花）158个，成荚44个，分别占总花数的15.48%、66.10%和18.41%。小花败育主要表现在主茎和分枝的上部和下部，中部败育的少，当某一节位小花开放时，位于该节位以下各节位的蕾中，花药已变黄，花药内没有形成花粉粒，而是水状物，最后干瘪而脱落。

小花退化有两种情况，一是籽粒进入鼓粒期以后，已分化出的小花和已形成的蕾，生长缓慢或停止生长。二是位于植株中部各节位的花序上，都能分化出3~4朵小花，但很少能结出4个荚，一般可结1~2个荚，多数是2个荚，其余退化或脱落，观察还发现，5月5日以后开放的花不能鼓粒或形成瘪粒。主茎和分枝由于小花分化早晚不同，成荚多少亦不同，二三级分枝由于小花分化开始较晚，成荚少。

本章参考文献

程须珍，2016. 饭豆、小扁豆等生产技术 [M]. 北京：北京教育出版社 .

韩燕来，远彤，陈锋，等，1999. 小扁豆花芽分化与结实率的研究 [J]. 河南农业大学学报，33（4）: 404–406.

张传乃，袁公选，蔺崇明，1990. 小扁豆生长和开花特性的观察 [J]. 陕西农业科学（4）: 28–30.

第三章　生长发育及对生态（环境）条件的要求

小扁豆为一年生（春播）或越年生（秋播）草本、长日性作物，适宜在冷凉的生态条件下生长，苗期耐霜冻，直立、丛生或半蔓生生长，株高 15~75cm。小扁豆较耐旱、不抗涝，对土壤种类要求不严，黏土、轻壤土、冲积土等均可种植，在土壤 pH 值为 4.5~8.2 范围内均能生长。对 $MgSO_4$、$MgCl_2$ 盐类的反应比土壤中所含各种盐的总浓度更为敏感。在 15~16h 日照下提早开花，有些品种对光照长短的反应为中性。种子在土壤温度 5℃时开始发芽，子叶不出土，18~21℃为最适发芽温度，生长适温 22~25℃，超过 27℃时生长不利。冬播小扁豆，其根瘤数目在播种后 90~100d 时达到高峰，以后急剧下降；春播小扁豆的根瘤出苗后 35d 左右时最多，在开花初期主根上根瘤数下降。

第一节　生育时期和生育阶段

一、生育时期（物候期）

小扁豆从播种到收获的全生育期，可以人为划分为播种期、出苗期、分枝期、见花期、开花期、终花期和成熟期等 7 个时期。表示方法为“年月日”，格式为“YYYYMMDD”。如“20200501”，表示

2020 年 5 月 1 日。

1. 播种期

种子播种当天的日期。

2. 出苗期

以试验小区内全部植株为调查对象，记录 50% 的幼苗露出地面 2cm 以上时的日期。

3. 分枝期

以试验小区内全部植株为调查对象，记录 50% 的植株叶腋长出明显可辨分枝的日期。

4. 见花期

以试验小区内全部植株为调查对象，记录见到第一朵花的日期。

5. 开花期

以试验小区内全部植株为调查对象，记录 50% 的植株见花的日期。

6. 终花期

以试验小区内全部植株为调查对象，记录 50% 的植株最后一朵花开放的日期。

7. 成熟期

以试验小区内全部植株为调查对象，记载 70% 以上的荚呈成熟色的日期。

8. 生育日数

播种后第 2d 至成熟期的天数。

二、生育阶段

小扁豆的一生可以划分为营养生长和营养生长与生殖生长并进两个阶段。营养生长阶段是从出苗期至现蕾期，现蕾期是从营养生长向生殖生长的过渡阶段，是小扁豆一生中生长最快，干物质形成和积累较多的阶段。此阶段要通过调节水肥来调节生长与发育的关系，对生长不良的促生长，以防早衰；对长势过旺的要改善其通风透光条件，防止过早封垄，造成落花落荚。

营养生长与生殖生长并进阶段从始花期至成熟期。这个阶段茎叶在生长，花荚在发育，茎叶在自身生长的同时，又为花荚的生长发育提供大量的营养，在荚果伸长的同时，灌浆使得籽粒逐渐饱满。此阶段需要充足的土壤水分、养分和光照，应加强保根保叶，做到通风透光，防止早衰，以保证叶片充分发挥其光合效率，确保多开花多结荚，减少落花落荚和荚果中的养分积累。

为便于田间管理，小扁豆的一生通常分为以下 8 个生长发育阶段。

1. 幼苗期

第 1 片叶张开，第 2 片叶正张开，营养体 1~2 节；通常以地块中 50% 的植株幼苗露出地面 2cm 以上的日期来记录。

2. 初级和二级分枝期

第 3 片叶充分发育，第 4 叶正发育。初级分枝开始发育，二级分枝在主茎 2~3 节上开始形成，营养体有 3~4 节。通常以地块中 50% 的植株叶腋长出明显可辨分枝的日期作为初期分支期。

3. 叶片迅速发育及三级分枝开始期

植株有 6 片叶，但没有开花，第 7 片叶正发育，三级分枝开始在第 5 节或第 6 节上形成，营养体有 7~10 节。

4. 开花期

植株第 1~2 生殖节上正在开花，第 10 片叶正在发育中，营养体有 11~15 节。通常以地块中 50% 的植株主茎顶端出现能够目辨的花蕾的日期为开花期。

5. 早期荚形成期

有生殖节 5 个，第 3~4 生殖节上正开花，第 1~2 生殖节上正长荚。植株基部 1~2 片叶发黄。

6. 中部荚灌浆期

已有生殖节 8 个，第 1~2 生殖节上的荚已灌浆结束；第 3~4 生殖节上的荚迅速灌浆；第 6~8 生殖节正在开花。植株基部 1~2 片叶衰老。

7. 后期荚形成期

第 6~8 生殖节正在结荚，基部荚变褐色。植株停止长高，顶端叶深绿色，基部 3~4 片叶正迅速衰老。

8. 成熟期

90%~95% 的荚变成褐色。50%~70% 的叶片衰老，通常以 70% 以上的荚呈成熟色的日期来记载。

第二节 对生态（环境）条件的要求

小扁豆为长日性植物，较耐旱、不抗涝，在 15~16h 日照下提早开花，有些品种对光照长短的反应为中性。种子在土壤温度 5℃时开始发芽，18~21℃为最适发芽温度。子叶不出土。小扁豆在环境超过 27℃时生长不利，不耐严霜，但不同类型小扁豆对温度的反应有差异。

一、土壤和根瘤菌

小扁豆对土壤质地要求不严，黏土、轻壤土、冲积土等均可种植。在土壤 pH 值 4.5~8.2 范围内均能生长，但以在微酸性（pH 值 5.5~6.5）土壤中生长良好。多数小扁豆品种对含有 $MgSO_4$、$MgCl_2$ 盐类的盐渍土，比含有其他盐类的盐渍土更为敏感。

冬播小扁豆，其根瘤数目在播种后 90~100d 时达到高峰，以后急剧下降；春播小扁豆的根瘤在出苗后 35d 左右时最多。到开花初期，主根上根瘤数下降。与小扁豆共生的根瘤菌是 *Lens rhizobium* leguminosarum，但也经常感染 *Pisum* spp. 和 *Vicia faba* 的根瘤菌系而生成根瘤。利用某些经选择后的根瘤菌系接种，小扁豆的产量在黏土上种植时增加 2%，在砂壤土上种植时可增加 50%~90%。

二、温度

小扁豆适于温带和亚热带冷凉气候。在纬度为 15° N~45° N 的低海拔地区都有栽培。小扁豆种子在土壤温度 5℃时就能发芽，18~21℃为最适发芽温度。据国际干旱地区农业研究中心（ICARDA）报道，冬播时气温和土温低于 10℃，需要 25~30d 才出苗，而春播气温和土温约 20℃时，7~9d 就可出苗。一般情况下，平均气温 24℃最适于小扁豆生长，超过 27℃时对多数品种的生长有不利影响。严寒或霜冻对小扁豆的生长也有害。不同类型的小扁豆品种，对温度反应各有差异。

张传乃等（1990）研究表明，小扁豆生育日数与≥ 10℃积温有显著关系，当营养生长期≥ 10℃积温为 6 102.5~7 331.4℃，地区间差异是陕北 > 关中 > 陕南；生殖生长期≥ 10℃积温为 679.3~720.2℃，地区间差异是陕北 < 关中 < 陕南，可见生育日数与≥ 10℃积温密切相关，生育期愈短，需有效积温愈少。对小扁豆开花与温度的关系研究表明，小扁豆在 14~22℃开花较多，占 80.1%；10℃以下和 26℃以上开花极少，甚至不开花。品种不同，开花最佳适宜温度也不完全一致，大荔小扁豆在 10~26℃开花，彬县小扁豆在 10℃以下还有 1.1% 开花，24℃以上不再开花。

三、湿度

小扁豆种子发芽需要吸收相当于其自身干重的水分，通常 24~32h 就可以吸收足够水分，并开始萌动。

小扁豆耐旱不耐涝，多种植在干旱地区或山区，靠自然降雨或底土水分生长。但是小扁豆对灌水有强烈的反应，当底墒很差和降雨过少时，表现更为突出。4~6 真叶期和花荚形成期是小扁豆的两个需水临界期。小扁豆一生需要 200~300mm 的降水或灌溉。收获季节要求比较晴朗干燥的天气。保加利亚的研究认为，小粒品种比大粒品种更耐旱。

四、光照

小扁豆属长日性作物，对光周期反应敏感。Shukla（1955）曾将小扁豆品种 4315–1 分别播种于自然日照和连续光照条件下，对两种条件下品种 4315–1 的营养生长期和生殖生长期做了观察记录。发现连续光照（长日）与对照（自然日长，中日照）相比，使得 4315–1 的营养生长期缩短了 20~43d，生殖生长期缩短了 9~24d。Saint Clair（1972）也曾对大粒亚种 Large Blonde 和小粒亚种的 Anicia 两个品种给以 9h 和 16h 不同的光周期处理，发现品种 Large Blonde 在 16h 条件下于发芽后 35d 开花，而在 9h 条件下不开花。品种 Anicia 在 9h 或 16h 光照条件下都开花，但在 16h 光照条件下比在 9h 光照条件下提早开花。说明大粒亚种和小粒亚种在对光照长度反应的敏感程度上有所不同。一般 15~16h 光照下，小扁豆就可明显提早开花。

五、养分

据报道，对生长于美国同一地区（46° 46′ N）的 3 个小扁豆品种进行测定的结果表明：每 1 000 千克小扁豆籽粒中，含有氮 43kg、磷 5kg、钾 11.7kg、钙 0.7kg、镁 0.7kg 和硫 2kg。

1. 氮

试验表明，根部能有效结瘤的小扁豆，共生固氮足以提供其生长发育所需的氮素，但在幼苗阶段，根瘤菌尚未有效固氮前，土壤中氮素又不足时，应施少量氮，使小扁豆得以度过“氮饥饿期”。在初次种植小扁豆或连续几年未种过小扁豆的地块上，接种适当的根瘤菌很必要。

2. 锌

小扁豆生长初期缺锌，在各小扁豆种植区是普遍的现象。播种前，施入锌肥做基肥，可满足小扁豆需求。

3. 钼

对促进小扁豆根瘤形成和共生固氮很必要。

4. 硫

施用硫肥，对提高小扁豆产量和品质有良好作用。硫是含硫氨基酸的组成成分。

本章参考文献

韩燕来，远彤，陈锋，等，1999. 小扁豆花芽分化与结实率的研究 [J]. 河南农业大学学报（4）: 403–406.

寇思荣，王思慧，金维汉，1992. 小扁豆杂交技术初探 [J]. 甘肃农业科技（11）: 9.

林汝法，柴岩，廖琴，2005. 中国小杂粮 [M]. 北京：中国农业科学技术出版社 .

龙静宜，林黎奋，侯修身，等，1989. 食用豆类作物 [M]. 北京：科学出版社 .

舒敏玉，李凤民，白红英，等，2007. 干旱胁迫和播种方式对小扁豆生化指标与生物量的影响 [J]. 西北农林科技大学学报（自然科学版）（7）: 154–158.

张传乃，袁公选，蔺崇明，1990. 小扁豆生长和开花特性的观察 [J]. 陕西农业科学（4）：28–30.

张传乃，蔺崇明，1992. 食用豆类生态特性分析 [J]. 作物品种资源（1）：4–5.

郑卓杰，1984. 扁豆为什么在开花时怕下雾？[J]. 农业科技通讯（6）：37.

郑卓杰，1997. 小扁豆：中国食用豆类学 [M]. 北京：中国农业出版社 .

Nleya T, Vandenberg A, Walley F L, et al., 2016. Agronomy: Encyclopedia of Food Grains (Second Edition) [Z]. Oxford: Academic Press.

Stefaniak T R, Mcphee K E, 2015. Lentil: Grain Legumes[M]. New York: Springer.

第四章　种植方式与栽培技术

第一节　种植方式

小扁豆为一年生或越年生草本植物，根系发达，耐旱性强，耐瘠薄，可熟化土壤，恢复地力，改善土壤团粒结构，是其他作物的优良前茬作物，土壤适应性广。种植方式多样，即可以单作，又可以间套种，还可以混种。

一、单作

一块地种植一种作物，有露地平作、覆盖栽培等。

二、间作、套作

间作、套作是中国一项重要的耕作制度，有利于充分利用地力，调节作物对光、温、水、肥等需求，提高单位面积产量和产值。黄土高原地区，小扁豆常与小麦、玉米等禾本科作物及幼龄果树等进行间作、套作。

三、混作

通过不同作物的适当组合，提高光能和土地的利用率，在选用耐旱涝、耐瘠薄、抗性强的作物组合时，还能减轻自然灾害和病虫害的影响，稳产保收。甘肃中部旱地粮食和油料作物生产应用较多，例如小麦与小扁豆混作。

四、地膜覆盖

地膜覆盖栽培是近年来在陇中生产中应用的一种种植方式。主要采用“一膜两用”，即一年覆膜两年用，通常前茬为地膜玉米，玉米收获后留膜留茬，第二年在地膜上用穴播机种植小扁豆。

山西、甘肃、宁夏以单作为主，也常与小麦、谷子等禾本科作物间、套、混种植。留苗密度 60 万 ~90 万株 /hm^2，产量差异较大，一般单作产量 750~1 800kg/hm^2，间、套、混种植 530~640kg/hm^2，但在陕西关中可达 750kg/hm^2，山西北部可达 900~1 125kg/hm^2，云南丽江可达 1 500kg/hm^2，个别年份最高可达 3 000kg/hm^2。小扁豆可春播，也可秋冬播种。在陕西的榆林、延安，甘肃的定西，宁夏的固原，山西的大同、朔州，河北的张家口，内蒙古的鄂尔多斯、乌兰察布等地区一般 3—4 月播种，7—8 月收获。在陕西的宝鸡、咸阳，甘肃的天水、平凉、庆阳，山西的临汾、运城，云南的丽江、迪庆等地区一般在 10 月初或 11 月初播种，第 2 年 5—6 月收获。

第二节　栽培技术

小扁豆种植区域生态条件各异，栽培技术在原则上基本相同，但根据当地的气候条件，还是各具特色。为了使广大读者更为详细地了解不同区域根据当地的气候条件和生产实际情况总结出的小扁豆栽培技术，本节较为全面地引用了原作者的内容。

一、半干旱区小扁豆栽培技术

连荣芳等（2018）结合小扁豆的生长环境，较为系统地介绍了小扁豆丰产栽培技术。

1. 选地整地

小扁豆对前作要求不严，但忌连作，应轮作倒茬，间隔 3 年以上，常与油菜、马铃薯、糜子、胡麻等作物轮作。适宜在中性或弱碱性土壤上种植。一般在秋季前作收获后及时进行翻耕或旋耕，早春及时耙、耱，做到上虚下实，地面平整。

2. 种子处理

播种前在选用良种的基础上应进行种子精选和处理。剔除病虫为害粒、破碎粒、霉烂粒、瘪粒，选择无病虫害、无破碎、饱满、大中粒的籽粒作种用。同时，播前 3~5d 晒种。

3. 适期播种

在干旱半干旱春播区，一般于 3 月中下旬或 4 月上中旬播种。播种方式多为条播或撒播，播种量根据籽粒大小而定，一般为 30~45kg/hm^2，留苗密度以 60 万 ~90 万株 /hm^2 为宜。出苗后如果发现成片缺苗地段应及时查苗补种。

4. 肥分管理

结合整地，及时施入基肥。大量试验表明，小扁豆共生固氮足以提供小扁豆生长发育所需的氮素。然而在幼苗阶段，应施入少量氮肥，以满足小扁豆对氮素的需求。小扁豆对磷肥的需求量较大，一般需 P_2O_5 40~50kg/hm^2，有利于根瘤菌共生固氮和植株的生长。

5. 虫草害防治

苗期及时防治黑绒金龟甲，开花期防治叶象甲和蚜虫。小扁豆植株较矮，在播种后的前 2 个月容易遇到速生杂草的为害，如果不进行除草，产量损失将达 70%~90%。一般播后 30d 和 60d 各进行 1 次中耕除草。

6. 收获与贮藏

小扁豆成熟时易落荚、落粒，应在植株豆荚干黄、茎叶变黄，70%~80% 豆荚枯黄时及时收获。小面积种植时，一般采用人工整株连根拔起或用镰刀等工具收割。收获后的小扁豆应及时晾晒脱粒。脱粒后的小扁豆经充分晾晒和清选后，在干燥冷凉的条件下贮藏。小扁豆虽可以长期保存，但随着时间的延长，籽粒颜色将越来越深。

二、渭源县北部半干旱区小扁豆栽培技术

王苏林（2020）从选地整地、施肥、播种、田间管理、病虫害防治等方面总结了渭源县北部半干旱区小扁豆优质丰产栽培技术。

1. 选地整地

小扁豆适宜于半干旱的冷凉气候，对早春霜冻有一定的忍耐力，在生长季节，如湿度过高，雨量过大，植株营养生长过强，则产量低，品质差，开花期和豆荚膨大期遇干旱和高温会减产。此外，小扁豆对土壤要求不严，因其不耐涝，短时间淹水会死苗，故以排水力强、土层深厚、富含磷钾元素、pH 值 7 左右的砂壤土为好。一般选择海拔 2 700m 以下的半干旱山坡地、梯田地、川旱地，前茬以小麦、莜麦、玉米谷物为好，忌与豆科作物连作，实行 3 年以上轮作倒茬。半干旱区应进行秋施肥，前茬作物收获后，一般施农家肥 22.5t/hm^2、过磷酸钙 600kg/hm^2、硫酸钾 75kg/hm^2 作基肥，同时，结合施肥及时翻耕，耕深 20cm，雨后耙耱保墒，积蓄雨水。

2. 播种

（1）精选良种　为了提高种子的出苗率，播前 3~4d 要用筛子过筛剔除小粒、虫蛀粒、霉烂粒、破损粒等，选用大中粒、饱满的种子播种。

（2）播种方式　一是犁沟条播，露地播种时，人工播种或用小型播种机播种时种子应撒播均匀，播种深度 3~4cm，如表土太干，可适当深播（不能超过 6cm）。二是地膜穴播，旧膜再利用，全膜覆盖双垄沟播种植的玉米，收获时只收取果穗，茎秆一直竖立，至第 2 年春播时割去茎秆，扫净残留茎叶，用土封好破损地膜，用改进的小麦

穴播机点播。

（3）适期早播　采用春播一般在3—4月播种，小扁豆有冬播习性，当地表温度稳定在0~5℃，土壤解冻12~15cm时，适当早播，早春气温低，萌芽速度慢，发育时间长，致使播种至出苗、出苗至现花的日数增长，低温条件下萌芽也是一种增花、增荚、增粒进而增产的因素。适期早播是发挥小扁豆丰产性能的重要措施。

（4）合理密植　在适宜条件下应确保单位面积上的留苗密度，协调个体与群体的动态平衡，最大化增加单株结荚数、千粒重，促使群体产量获得最高值。露地条播时，行距20~30cm，平均株距5.5cm，留苗密度60万~90万株/hm^2，播种量60~75kg/hm^2。地膜穴播时，行距20cm，穴距15cm（固定），在垄面上点播，一般3~4粒/穴，播种深度2~3cm，播后及时封口，留苗密度60万~75万株/hm^2。

（5）接种根瘤　有条件的农户应增施根瘤菌和磷钾肥，土壤中氮素不足时，可在小扁豆生长初期施少量氮肥（尿素60kg/hm^2），有利于根瘤菌的形成。

3. 田间管理

（1）中耕锄草　出苗期如果发现成片缺苗的地段应及时查苗补种，3~4叶时轻松土，7~8叶时浅锄草，防止伤根伤苗，利用旧膜种植小扁豆播后5~7d即可出苗，出苗后7~8d应及时间苗，早间苗是培育壮苗的主要措施。

（2）病害防治　小扁豆病害主要有根腐病和锈病，应及时防治。一是轮作。轮作是防治小扁豆病虫害最有效的措施，应合理轮作倒茬，忌与蚕豆、菜豆、豌豆、大豆、向日葵、马铃薯连作。二是加强田间管理。严防雨后积水。三是整地或播种时避开过湿耕作，合理施用氮肥，适当增施磷、钾肥，提高植株抗病力。四是化学防治。发病前或发病初期，用75%百菌清可湿性粉剂500倍液或70%甲基硫菌灵800倍液喷洒地表或灌根防治根腐病，隔7~10d施药1次，锈病用15%三唑酮可湿性粉剂1 000~1 500倍液或80%代森锌可湿性粉剂500~600倍液喷防，隔10d喷雾1次，连防2~3次。

（3）虫害防治　小扁豆虫害主要有蚜虫和豆象鼻虫。

蚜虫防治：利用蚜虫趋黄性特点，在田间设置黄板，涂抹机油或其他黏性剂诱杀蚜虫；用10%蚜虱净可湿性粉剂2 500倍液或1.8%阿维菌素800倍液喷雾防治。

豆象鼻虫防治：在小扁豆始花期—结荚期用4.5%高效氯氰菊酯乳油1 000~1 500倍液喷雾防治产卵的成虫和初孵幼虫。

4. 适时收获

小扁豆的成熟期不一致，往往基部荚果已成熟，而上部荚果还呈青色或尚在灌浆。一般7—8月植株开始转黄，2/3的豆荚变褐或黄褐色时，即可收获，收割时应在早晚湿度较大时进行，干热天气易引起落粒。

三、旱砂田小扁豆栽培技术

陈伟俊等（2013）结合生产实践总结出了在高海拔冷凉地区旱砂田小扁豆栽培技术。在品种的选择上应以适宜当地栽培的优良品种绿扁豆为主，定选1号为辅搭配种植。

1. 种子处理

选择颜色一致、籽粒饱满、无虫蛀的种子。播前选晴天中午，将种子摊晒2~3d，然后用0.3~0.4g/kg钼酸铵溶液浸种12h，再用50%多菌灵可湿性粉剂按种子量的0.3%进行拌种，闷种24h，晾干后播种，以预防小扁豆根腐病，提高发芽率。

2. 选地、整地、施肥

选择地势平坦、铺砂在10年以内的砂地，砂层厚度15~16cm。小扁豆忌重茬与迎茬，忌与豆科作物和马铃薯连作。前茬作物收获后应立即深松收墒，以接纳降水，清除杂草。雨季结束后及时再深松收墒，土壤封冻前镇压保墒，做到秋水春用，为翌年提高播种质量打好基础。结合第 2 次深松或播前深松施普通过磷酸钙 345kg/hm^2、硫酸钾 22.5kg/hm^2 做底肥，以改善籽粒品质，提高产量。

3. 杂草防除

除草以土壤处理为主，后期人工除草为辅相结合。播前结合深松土壤处理可用 48% 氟乐灵乳油 1.5L/hm^2 兑水 750 kg 进行地表均匀喷雾，对禾本科和阔叶杂草均有较好的防效。旱砂田以阔叶杂草为主，播种当日可选用 45% 豆草畏乳油 1.2L/hm^2 兑水适量（按使用说明兑水）喷雾、播种同步进行，也可于播种次日进行人工喷雾防治。播种后出苗前施药可针对禾本科杂草或阔叶杂草为害程度选用除草剂类型，当禾本科杂草为害严重时，可选用 48% 甲草胺 3L/hm^2 兑水适量喷雾防除；当阔叶杂草为害严重时，可选用 45% 豆草畏乳油 1.2L/hm^2 兑水适量喷雾防除。

4. 播种

当气温稳定在 5℃以上，土壤解冻 12cm 以上时播种，适播期为 4 月中下旬。用磷酸二铵 45~60kg/hm^2 与种子混合均匀后条播，播种量为 37.5~45kg/hm^2，行距 20~30cm。视墒情确定播种深度，墒情较好时，播种深度为 3.5~4cm；墒情较差时，可适当深播至 5~6cm。

5. 田间管理

杂草对小扁豆产量影响很大，整个生育期不除草可减产 50%~80%。中耕除草是田间管理工作中重要的环节，小扁豆整个生育期应做到保持砂砾疏松、无杂草。开花前中耕 1 次，以消灭田间杂草，疏松土壤，促进根系发育和植株生长。

6. 病虫害防治

小扁豆的主要病害有萎蔫病、根腐病和锈病等。防治小扁豆病害最有效的防治措施是轮作，应避免与豆科、马铃薯等作物连作。播种前可用50%苯菌灵可湿性粉剂45g/hm^{2}对种子进行处理。主要害虫有蚜虫，发生初期用4.5%高效氯氰菊酯乳油2 500~3 000倍液，或3%啶虫脒乳油2 000~2 500倍液喷雾防治，两种药剂交替使用。

7. 收获

当植株开始转黄、下部豆荚变褐或黄褐色时即可收获。收割应在早晚湿度大时进行，干热天气易引起落粒。种植面积过大时，可在田间堆小垛晾晒30d后脱粒、去杂。收获季节如遇降水集中或过多，应选晴天翻小垛晾晒，防止小垛出芽。小扁豆籽粒含水量以14%为宜，储藏期间不易发热、发霉。

四、庆阳地区小扁豆栽培技术

庆阳市土层深厚，土壤肥沃，化肥农药使用量少，土壤、水源及空气污染程度较低，所产小扁豆品质好，小扁豆产业已成为当地农业发展中的新兴产业之一。

1. 品种选择

选用高产、优质、抗逆性强、结荚集中、成熟期一致、不裂荚落粒，适宜本区域栽培的品种，如定扁5号、庆阳绿扁豆。

（1）种子质量　种子质量要求达到分级标准二级以上，即粒型均匀，粒色一致有光泽，纯度不低于98%，净度不低于97%，发芽率不低于90%，含水量不高于13%。

（2）种子处理　播种前对所选用的种子进行机械筛选或人工粒选，剔除病斑、破粒、碎粒种子及杂质，并选择晴朗天气晒种8~16h。

2. 整地施肥

最好选择前茬是玉米、小麦、马铃薯等作物，前茬作物收获后进行秋翻深耕（深度20~25cm）灭茬、熟化土壤，冬春镇压耙耱保墒。整地要做到上虚下实，地面平整。施肥严格按照NY/T 394—

2013《绿色食品肥料使用准则》的规定执行，合理配方施肥，重施基肥，适量追肥。结合整地一次性施入经高温堆积发酵完全腐熟的农家肥 30 000kg/hm^2，硫酸铵（含 N 20%）300~450kg/hm^2，过磷酸钙（含 $P_2O_5$12%）300~450kg/hm^2。开花结荚期叶面追施 2g/kg 硼酸溶液、2g/kg 磷酸二氢钾溶液。

3. 适期播种

播前选用合适的根瘤菌拌种，每千克种子用 100g 根瘤菌，加水搅拌成糊状，再与种子拌匀，晾干后待播。小扁豆生育期短，适播期长，地表 10cm 地温连续 5d 稳定达到 12℃时即可播种。一般 4 月 20 日至 5 月 5 日为适宜播期。播种量 7.5~10kg/hm^2，保苗 10 万 ~ 15 万株 /hm^2，播种方法主要是条播，播种深度 4~5cm，要防止覆土过深、下籽太多或漏播，要求播种均匀不断条，行距 90~100cm，株距 50~60cm。

4. 田间管理

苗后，当第一片复叶展开后间苗，第二片复叶展开后定苗。定苗前后，结合除草灭茬中耕 1~2 次，促进根瘤的形成和根系下扎，分枝期进行第三次中耕并进行培土、护根防倒。小扁豆比较耐旱，不耐涝，对水分反应敏感。前期水分过多，易引起烂根死苗，或发生徒长导致后期倒伏。后期遇涝，易使植株根系生长不良，出现早衰、花脱落、产量下降，因此应该注意防涝排涝。小扁豆现蕾期是需水临界期，花荚期是需水高峰期，在这两个时期如遇干旱应及时浇跑马水或灌溉。植株整齐一致是小扁豆产量和品质性状稳定遗传的形态表现。为确保小扁豆的品质和产量，一定要做好小扁豆品种的去杂去劣保纯工作。小扁豆是自花授粉作物，天然杂交率很低，但在天气干燥条件下，花冠可能在花粉和柱头成熟前开放，从而增加其异花授粉率，因此应尽可能在开花之前把杂株除净。

5. 病虫害防治

（1）农业防治　与非豆科作物进行 2~3 年轮作或间作套种。选用抗病品种，培育壮苗，合理施肥，做好田园清洁，及时清除杂草及感病植株。

（2）物理防治　防治黏虫可采用糖醋液诱杀，糖醋液配比按糖、醋、酒、水为 3∶6∶1∶10 的比例配制。

安装频波杀虫灯每亩悬挂 1 个频波杀虫灯诱杀害虫。产品型号：2005-1（光控）；产品规格：20W；电源 220V 交流电；外形尺寸为 235mm × 325mm × 655mm。

驱避蚜虫可垄面覆盖银灰色地膜。

（3）生物防治　天敌利用七星瓢虫、食蚜蝇等捕食性天敌防治蚜虫。生物药剂利用 Bt（苏云金杆菌）500 倍液等病原性天敌防治豆螟。

（4）化学防治　防治根腐病可在出苗至结荚期 75% 百菌清可湿性粉 800 倍液喷雾，每隔 10~15d 喷 1 次，连喷 1~2 次。防治褐斑病可于发病初期用 40% 多菌灵可湿性粉剂 600 倍液喷雾防治，每隔 25d 喷 1 次，连喷 2~3 次。潜叶蝇、豆象可初发期用 2.5% 溴氰菊酯乳油 2 000 倍液喷雾防治，每隔 15d 喷 1 次，连喷 1~2 次。食心虫用 20% 速灭杀丁乳油 300mL/hm^2 喷雾防治，每隔 20d 喷 1 次。豆荚螟可于幼虫卷叶前用 5% 抑太保乳油 1 500 倍液喷雾防治，每隔 15d 喷 1 次，连喷 1~2 次。

6. 收获脱粒

一般在植株上豆荚有 60%~70% 成熟时开始收摘，以后每 6~8d 收摘 1 次。对于大面积生产的地块，人工采摘有困难时，则应选用熟期一致、豆荚上举、成熟时不炸的小扁豆品种。运输设备必须安全、卫生、无污染。收获后的小扁豆在无毒、无害、干净的场地及时晾晒，严禁在柏油路面和其他有污染的地方进行晾晒、脱粒，以防污染和保持良好的商品色泽，防止雨淋浸湿发芽。

（1）清选分级　脱粒后进行机械或人工清选和分级。产品质量符合无公害食品标准，粒型均匀，色泽一致，水分≤ 13.5%，不完善粒总量≤ 5%，杂色和异色粒总量≤ 1%，纯度≥ 98%，净度≥ 97%，百粒重≥ 6.5g。蛋白质含量≥ 25%，淀粉含量≥ 54% 为一级；粒型均匀，色泽一致，不完善粒总量≤ 5%，杂色和异色粒总量≤ 2%，净度≥ 95%，百粒重≥ 6.2g，蛋白质含量≥ 23%，淀粉含量≥ 52% 为二级；外观正常，其他条件达不到上述标准，百粒重≥ 6g，蛋白质含量≥ 21%，淀粉含量≥ 50% 为三级；低于三级者为等外小扁豆。

（2）熏蒸贮藏　小扁豆贮藏时主要害虫为豆象，清选分级后，可取磷化铝（3.3g/ 片）按贮存空间 1~2 片 /m^3 的比例，在密封的仓库或熏蒸室内熏蒸，既可杀死成虫，又可杀死豆粒中的幼虫和卵，还不影响食用，种子也不发芽。

五、宁南山区小扁豆高产栽培技术

鲍国成（2013）根据宁南山区的气候条件和生产实际情况从品种的选择、合理轮作等方面总结了小扁豆高产栽培技术。

1. 品种选择

宁南山区属于半干旱地区，应选择与生态环境相适应的优良品种。根据旱地的特点，选用有较强的耐旱性，且能抗病、抗寒、增产潜力大、稳产性能好的红扁豆、大白扁豆、紫扁豆等优质品种。选用保存 1 年内、饱满、纯净度高、无霉变的种子，播前摊开晾晒 4~5d。

2. 合理轮作

小扁豆对土地的要求不高，但忌连作，合理轮作不仅可以减轻小扁豆田病虫和杂草的为害，而且具有一定的增产效果。一般选择小麦或莜麦茬最好，马铃薯、胡麻茬次之。做好耕作保墒，抓好浅耕灭茬、深耕整地、春季镇压3个环节。在前茬作物收获后，抓紧浅耕灭茬，及时深耕1~2次，深度达25cm以上。立垡晒土，遇雨及时耙耱收墒，施足底肥，农家肥宜秋施，一般施农家肥22.5t/hm^2、碳酸氢铵450kg/hm^2、磷肥300kg/hm^2。

3. 适期播种

小扁豆一般于3月中下旬播种，播种深度一般为5~6cm，干旱少雨和墒情不好的年份要适当深播。一般播种量为195~225kg/hm^2，播种方式有耧播和犁播，现在大多数以犁播为主，犁播是将种子、化肥均匀撒在犁沟内，最后耙平。小扁豆要高产，施肥是关键，首先必须重施底肥，种植时将磷酸二铵45~75kg/hm^{2}与种子混合均匀一起播下。

4. 中耕除草

小扁豆播种后至出苗，苗高3~6cm时要认真做好第1次中耕除草，浅锄细锄，松土破除板结，促进幼苗增长。当幼苗分枝前进行第2次中耕除草，要以拔除杂草为主，若地表无板结时不要松土，否则就会造成吊苗。

5. 叶面追肥

在小扁豆开花初期时，选择晴天用磷酸二氢钾30~45kg/hm^{2}兑水750kg进行喷施，可提高单产。但不宜追施尿素、碳酸氢铵等速效氮素化肥，否则会造成死苗或贪青徒长，导致减产。

6. 病害防治

小扁豆的主要病害是白绢病，为害症状是侵害茎基部或匍匐于土表的枝蔓，致病部变褐腐烂，产生大量白色菌丝体和棕褐色近球形的小菌核。主要以菌核或菌丝体在土壤中越冬，条件适宜时菌核萌发产生菌丝，从寄主茎基部或根部侵入，潜育期3~10d，出现中心病株后，地表菌丝向四周蔓延。发病适温为30℃，特别是高温、时晴时雨利于菌核萌发。连作地、酸性土或砂性地发病重。

防治方法：一是大量施用腐熟有机肥。二是于发病初期施用15%三唑酮可湿性粉剂或50%甲基立枯磷可湿性粉剂1份，兑细土100~200倍，撒在病部根茎处，防效明显。必要时也可喷洒20%甲基立枯磷乳油1 000倍液，隔7~10d喷1次，防治1~2次。

7. 适时收获

小扁豆一旦成熟，应适时收获，不可有所延误，一般在小扁豆大部分茎秆变黄、豆荚干燥时抓紧收获，以防裂荚落粒，宁南山区一般在7月下旬收获，随收随晾晒，防止雨淋生芽，及时打碾，争取颗粒归仓。

六、晋西北高寒区小扁豆栽培技术

陈喜明等（2011）根据晋西北高寒区热量资源不足、无霜期短、坡耕地多等特定的土地资源、气象条件，确定当地农业生产以杂粮为主，以适应旱作农业的要求，总结提出了晋扁豆1号在晋西北高寒区及同类生态区种植的高产栽培技术。

1. 选地与整地

晋扁豆1号耐瘠薄，对土壤要求不严格，旱薄地、坡岗地、果树行间均可种植，也可作为填闲补种，忌重茬与迎茬，最好不要与豆科作物连作，否则会造成减产。为保证产量，最好进行秋翻地，深耕细耙，精细整地，以利于保全苗、壮苗。

2. 播种与施肥

晋北高寒区一般4月中下旬条播，播种量为60kg/hm^{2}左右，行距20~30cm。一般保苗60~100株/m^2，正常播种深度3.5~4cm，如表土太干，可适当深播（6cm）。结合旋耕施硝酸磷肥300kg/hm^2，农家肥22 500~30 000kg/hm^2。一般不进行追肥。

3. 田间管理

旋耕前2h施48%氟乐灵乳油1 500mL兑水750kg/hm^{2}进行地表均匀喷雾，可防除禾本科杂草达95%以上，播后苗前地表喷施45%

豆草畏乳油 1 200mL/hm^2，可灭除田间一年生阔叶杂草，防效达 87%以上。4~6 叶真叶期、花荚期各浇水一次或仅在花荚期浇水，小水慢浇，禁大水浇灌，都有明显增产效果。小扁豆怕水淹，应及时排涝。45kg/hm^2 左右 P_2O_5 作底肥能明显增加产量，22.5kg/hm^2 左右 K_2O 也可增加小扁豆产量，并能改进籽粒品质。播后 30d 和 60d 各人工除草 1 次，对小扁豆最为适宜。

4. 病虫害防治

最有效的防治措施是轮作，应避免小扁豆与蚕豆、莱豆、豌豆、大豆、向日葵、马铃薯等作物连作，因为它们有共同的病害。玉米和小谷物适合与小扁豆连作。此外，使用高质量和无病的种子可防止病菌带入干净的田块。

5. 收获脱粒

当植株开始转黄，下部豆荚变褐或黄褐色时，即可收获。收割应在早晚湿度大时进行，干热天气易引起落粒。面积小，劳力充足，可以分批收获，先熟先收；面积大，劳力不足，要一次收获，收获后要及时晾晒、脱粒。收获季节因雨季尚未结束，要注意防止捂垛出芽。种子含水量 14% 为宜，这样种子在储藏期间不易发热或发霉。

七、法国绿扁豆“一膜两年用”栽培技术

近年来，地膜应用发展迅速，对农业增效、农民增收起到了重要作用。越来越多的农户因覆膜面积大，在第一年的地膜种植后第 2 年种植小扁豆、胡麻等作物，取得了较好的经济效益。定西市安定区农技中心农技人员总结了法国绿扁豆一年膜两年用栽培技术。

1. 适用范围

年降水量 300~350mm 的半干旱地区。

2. 适期早播

小扁豆为长日照植物，15~16h 日照下提早开花，有些品种则对

光照长短的反应为中性。小扁豆在全区范围内均可种植。小扁豆种子在土壤温度5℃时开始发芽，18~21℃为最适发芽温度。因此，当土壤解冻时即可播种，于3月中旬播种为宜。

3. 播种方法

播前对种子要进行精选，剔除杂质、瘪粒、虫粒、破损粒，并晒种2~3d，以加快出苗速度，提高出苗率。播种量60~80kg/hm^2，采用小麦穴播机播种，在上年地膜大垄两侧均匀种植，行距25cm，穴距12cm，每穴播种3~5粒。保苗165万株/hm^{2}左右。

4. 田间管理

（1）补苗间苗　幼苗出土后，要及时查苗补缺，促进全苗。如幼苗过多或过密，应及早间苗，促进苗壮。

（2）中耕除草　小扁豆易受草害，需中耕除草1~2次。一般在苗高5cm左右时进行第1次中耕；苗高10cm左右时进行第2次中耕。

（3）追肥补灌　一年膜两年用小扁豆栽培由于是免耕，土质瘦薄、底肥不足，易出现幼苗生长细弱，叶色淡黄的情况，需进行追肥。追施尿素37.5~75kg/hm^{2}为宜。开花结荚期需水较多。结荚期结合病虫害防治，叶面喷施微肥，提高结荚率。

5. 病虫害防治

主要虫害有黑绒金龟甲、蚜虫、象甲等；主要病害有锈病、萎蔫病。

（1）黑绒金龟甲　通过土壤处理防治幼虫，兼防象甲。亩用50%辛硫磷乳油300mL兑细沙土30~40kg撒施后翻耕。成虫期亩用50%辛硫磷乳油100mL兑水50kg喷雾防治。每隔7d喷1次，防治1~2次，兼防象甲。

（2）蚜虫　选用10%吡虫啉可湿性粉剂3 000~6 000倍液喷雾防治1~2次，安全间隔期10d。

（3）锈病　在发病初期可选用40%氟硅唑乳油5 000~ 7 000倍液喷雾防治1次，安全间隔期21d；2%、4%农抗120水剂6 000~8 000倍液喷雾防治1~2次，安全间隔期7d。

（4）枯萎病　发病初期开始喷洒，1.5%植病灵E号乳剂1 000倍液或0.5%菇类蛋白质糖水剂300倍液，20%病毒A可湿性粉剂500倍液，83增抗剂1 000倍液，每隔10天喷1次，防治1~2次。

6. 适时收获

当植株约80%的豆荚变黄时，即可收获。

本章参考文献

鲍国成，2013. 宁南山区扁豆高产栽培技术 [J]. 现代农业科技（21）：97–98.

陈伟俊，樊胜祖，2013. 高海拔冷凉区旱砂田小扁豆栽培技术 [J]. 甘肃农业科技（4）：57–58.

陈喜明，高克昌，韩云丽，等，2011. 小扁豆新品种晋扁豆1号的选育及栽培技术 [J]. 农业科技通讯（5）：143–144.

陈喜明，高克昌，韩云丽，2011. 小扁豆特征特性及高产栽培技术 [J]. 中国农业信息，127（4）：31–33.

丁国强，吴寒冰，彭镇青，2009. 扁豆大棚高密度栽培技术 [J]. 长江蔬菜，21（2）：27–28.

冯敏，肖正璐，付金元，2019. 庆阳市小扁豆绿色生产栽培技术 [J]. 农业科技通讯（9）：314–315.

高鸿飞，王海燕，崔建荣，2011. 膜侧马铃薯套种扁豆栽培技术研究 [J]. 中国农技推广，27（12）：24.

高克昌，韩云丽，赵随堂，等，2007. 小扁豆田除草剂除草试验 [J]. 山西农业科学，35（1）：61–63.

李青，2011. 早春大棚扁豆搭架栽培技术 [J]. 现代农业科技（5）：143–144.

连荣芳，墨金萍，肖贵，等，2018. 干旱半干旱区小扁豆丰产栽培技术 [J]. 现代农业科技（19）：39.

王苏林，2020. 渭源县北部半干旱区小扁豆优质丰产栽培技术 [J]. 现代农业科技（2）：22–23.

闫庆华，何美华，郑淑玲，等，2001. 白花 2 号极早熟扁豆栽培技术要点 [J]. 种子世界（2）：37.

第五章　病虫草害及其综合防控

第一节　主要病害及其综合防控

一、病害种类

最严重和普遍存在的小扁豆病害是孢镰刀菌枯萎病，由病原菌扁豆镰刀菌引起，干旱和日照强的地区容易发生，常和壳二孢枯萎病、匍柄霉枯萎病复合发生；锈病在高湿和适度的温度下较易发病，在摩洛哥、埃塞俄比亚、巴基斯坦和南美洲等是扁豆的主要流行病害。褐斑病在加拿大夏季降雨多的地区大量发生，也是小扁豆最为严重的叶部病害。根腐病主要有丝囊霉根腐病、黑根腐病、丝核菌根腐病、腐霉根腐病、湿根腐病。

其他真菌性病害还有链格孢枯萎病、菌核茎腐病、炭疽病、霜霉病、茎环腐病、灰霉病、霜霉病、白粉病、叶斑病、黄叶病。小扁豆也受到黄单孢菌叶斑病和假单孢菌根腐病等细菌性病害的为害（表 5–1）。

侵染小扁豆的病毒病有豌豆种传花叶病毒病（Pea Seedborne Mosaic Virus, PSbMV）、豌豆耳突病毒病（Pea Enation Mosai, PEM）、菜豆黄花叶病毒病（Bean Yellow Mosaic, BYM）、蚕豆斑点病毒（Broad Bean Mottle Virus, BBMV）、蚕豆染色病毒病（Broad Bean Stain Virus, BBSV）、蚕豆黄花叶病毒（Bean Yellow Mosaic Virus, BYMV）、黄瓜

花叶病毒（Cucumber Mosaic Virus, CMV）。

表 5-1　小扁豆主要真菌性病害（杨晓明，2020）

真菌性病害	英文	学名
交链格孢叶斑病	Alternaria blight	*Alternaria alternata* *Alternaria* sp.
炭疽病	Anthracnose	*Colletotrichum lindemuthianum* *Colletotrichum truncatum*
丝囊霉属根腐病	Aphanomyces root rot	*Aphanomyces euteiches*
壳二孢枯萎	Ascochyta blight	*Ascochyta fabae* f.sp. *lentis*= *Ascochyta lentis* *Didymella* sp. [teleomorph]
黑根腐烂	Black root rot	*Fusarium solani*
黑斑病	Black streak root rot	*Thielaviopsis basicola*
葡萄孢属灰霉病	Botrytis gray mold	*Botrytis cinerea*
尾孢属叶斑病	Cercospora leaf spot	*Cercospora cruenta* *Cercospora lentis* *Cercospora zonata*
环腐病	Collar rot	*Sclerotium rolfsii* *Athelia rolfsii* [teleomorph] = *Corticium rolfsii*
圆筒状孢子叶斑病和茎溃烂	Cylindrosporium leaf spot and stem canker	*Cylindrosporium* sp.
霜霉病	Downy mildew	*Peronospora lentis* *Peronospora viciae*
干燥根腐烂	Dry root rot	*Macrophomina phaseolina* = *Rhizoctonia bataticola*
镰刀菌枯萎病	Fusarium wilt	*Fusarium oxysporum* f.sp. *lentis*
叶斑病	Helminthosporium leaf spot	*Helminthosporium* sp.
叶腐病	Leaf rot	*Choanephora* sp.
黄叶病	Leaf yellowing	*Cladosporium herbarum*
菌丝束枯萎	Ozonium wilt	*Ozonium texanum* var. *parasiticum*

（续表）

真菌性病害	英文	学名
茎点叶斑病	Phoma leaf spot	*Phoma medicaginis*
白粉病	Powdery mildew	*Erysiphe pisi* = *Erysiphe polygoni* *Leveillula taurica* = *Leveillula leguminosarum* f. *lentis* *Oidiopsis taurica* [anamorph]
腐霉根腐病	Pythium root and seedling rot	*Pythium aphanidermatum* *Pythium ultimum*
锈病	Rust	*Uromyces craccae* *Uromyces viciae-fabae* = *Uromyces fabae*
菌核茎腐病	Sclerotinia stem rot	*Sclerotinia sclerotiorum*
匍柄霉枯萎	Stemphylium blight	*Stemphylium botryosum* *Pleospora tarda* [teleomorph] *Stemphylium sarciniforme*
丝核菌根腐病	Wet root rot	*Rhizoctonia solani* *Thanatephorus cucumeris* [teleomorph]

二、防治措施

1. 小扁豆枯萎病

小扁豆枯萎病是世界性病害，为典型的本地菌源土传病害，由病原菌小扁豆镰刀菌引起，常和壳二孢枯萎病、匍柄霉枯萎病复合发生。症状多出现在小扁豆苗期至始花期，幼荚期受害最重。幼苗期受到侵染的植株会出现矮化现象。病叶初呈淡绿色，逐渐变为浅黄色，叶尖和叶缘焦枯，叶片自下而上逐渐枯萎，病叶常扭折、弯曲，但不脱落；病株易落花，幼荚干瘪；根系受害后侧根和主根上均产生褐色至黑褐色条纹，随病情发展，主根变黑、短小，呈鼠尾状，皮层腐烂，须根坏死。主根维管束变褐并蔓延至茎基部，由于根系被破坏，病株易拔起。将植物连根拔起后，发现根茎部干缩，严重者出现腐烂。剖开植株茎秆会发现整个根茎部组织变褐色。

（1）侵染循环和发生规律　小扁豆萎蔫病以菌丝体或厚垣孢子在土壤中越冬，在土壤中可以存活多年。种子带菌是病害发生的主要原因。病原菌直接或经伤口侵入地下主根和侧根的根尖，病株根部开始发黑，根部皮层被逐渐破坏，主根维管束变褐。随着病情的发展，病菌沿茎向上蔓延，到小扁豆生长后期可扩展到茎高的 3/4 部位，剖茎可见木质部变为褐色；主根残存，侧根被破坏，植株易被拔起。中心病株上的病斑可产生大量的孢子，通过土壤、肥料、昆虫以及农具等传播，再从根部伤口侵入，造成田间不断地再侵染。小扁豆萎蔫病的发生与土壤含水量、土温、土壤类型、耕作制度和栽培措施等密切相关。小扁豆初荚期如遇高温，极有利于病害发展蔓延。土壤偏酸性、黏重、贫瘠，地势低洼、排水不良和连作地发病重；线虫或地下害虫为害可以加重病害的发生。

（2）防治措施　小扁豆是典型的忌连作作物，连作造成土传萎蔫病严重发生，结荚少、产量低。小扁豆萎蔫病病原菌在田间的侵染过程复杂，存活时间长，发病后单一防治措施很难有效控制。农业综合防治措施主要有轮作等，在有条件的地区，应将病田改种禾谷类作物 4~5 年；收获后及时清除田间病残体，集中烧毁或充分腐熟后用作肥料；增施磷钾肥和适当施用石灰；在小扁豆花荚期可采用叶面喷施磷酸二氢钾以提高植株抗病力；高垄栽培、沟系配套，排水降渍，提高根系活力。播种前可用 2.5%咯菌腈按种重 1%拌种处理；播种时沟施多菌灵、苯菌灵等处理土壤，可有效控制苗期枯萎病的发生；在生长期出现零星发病株时，可用 50%多菌灵可湿性粉剂 500 倍液、50%苯菌灵可湿性粉剂 1 000 倍液、70%敌磺钠可湿性粉剂 600 倍液等药剂喷施植株茎基部或灌根，每株喷或灌 250mL，隔 7~10d 1 次，连续防治 2~3 次。

2. 小扁豆褐斑病

小扁豆褐斑病是我国小扁豆生产中发生最普遍、对产量影响最明显的叶部病害，由真菌小扁豆壳二孢枯萎病引起。当气象条件较湿润时，病害严重发生，导致严重减产，一般能使小扁豆减产30%~50%，同时影响籽粒的外观颜色而降低其商品性。病菌生长适温20~26℃。小扁豆褐斑病对小扁豆为害极大，在潮湿环境下，此种病害发展迅速，破坏力极大。可侵染小扁豆叶片、花器、茎秆和豆荚。病斑为褐色，轮廓不明显，可延伸至大部叶片乃至整个叶片上，使其很快发软变黑以致腐烂。侵染茎秆后，可出现大小不等的病痕，潮湿时病痕扩展迅速，延及主茎的大部分，主茎则变软而折断；病痕如在茎基处，整个植株倒伏状；如在茎端处，茎端垂落，继而病株及分蘖变黑死亡。

（1）侵染循环与发生规律　小扁豆褐斑病病原菌在种子或病残体内越冬，成为翌年初侵染源。在湿润的环境条件下，植株的幼茎或嫩叶最先被侵染。当茎、叶上的病斑发展到后期，病斑上开始产生分生孢子器；分生孢子成熟后，从分生孢子器中排出，借风雨在田间传播并侵染小扁豆植株。病原菌以菌丝体在病株残体上越冬，田间温度和湿度对褐斑病发生影响极大。病菌侵染适温为20℃；饱和的空气湿度或寄主组织表面有水膜是病菌孢子萌发和侵染的必要条件。当小扁豆生长进入花荚期，此时土壤中的菌核萌发产生分生孢子，首先侵染易感病的植株底部老叶。适宜温度和湿度条件下，病叶的病斑上产生大量的病菌分生孢子，分生孢子借风雨传播，进行重复侵染，造成病害的田间流行。若天气干旱，病斑停止扩展，为圆形斑或条形斑；如遇阴雨连绵天气，病斑迅速扩大或相互合并形成不规则的大型病斑，致使小扁豆叶片变黑、萎蔫直至死亡，叶片脱落。严重发病植株则植株各部分变成黑色，3~4d后植株枯死。剖开枯死植株的茎秆可见许多大小不一的黑色菌核。

(2) 防治措施　褐斑病属真菌型病害，防治方法主要是不引入带病菌的种子；有条件的地区可以与禾本科等作物轮作；适时播种，高畦栽培，适当密植，合理施肥，增施钾肥，提高植株抗病力；收获后及时清除田间植株病残体，将其深埋或烧毁；选用抗病品种，小扁豆品种一般对褐斑病表现为中度抗病或耐病性，主要为地方品种；精选种子，去除病粒，选用健康无病种子；播种前进行种子处理，用种子重量 0.3% 的 50% 多菌灵可湿性粉剂拌种，可以减轻苗期病害的侵染；发病初期喷施 50%多菌灵可湿性粉剂 1 200 倍液，或 70%硫菌灵可湿性粉剂 1 200 倍液，50%腐霉利可湿性粉剂 1 500 倍液，80%代森锰锌可湿性粉剂 600 倍液，75%百菌清可湿性粉剂 500 倍液等喷雾防治。视病情发展情况，隔 7~10d 再喷 1 次药，连续防治 2~3 次。

3. 小扁豆根腐病

小扁豆根腐病主要有丝囊霉根腐病、黑根腐病、丝核菌根腐病、腐霉根腐病、湿根腐病。在不同的产区和不同的年份，因病原菌和发病条件的不同，根腐病优势病原菌表现也不同。根腐病主要引起小扁豆种子和幼苗腐烂。种子萌发前被侵染，引起烂种；子叶被侵染产生红褐色近圆形病斑。幼苗的上胚轴、下胚轴是主要侵染部位，被侵染后产生水浸状病斑，病斑逐渐凹陷，呈红褐色。被侵染幼苗的生长点可能死亡，减少出苗和影响幼苗的质量。出苗后被侵染植株根、茎上的病斑逐渐扩展至环绕茎秆，发病部位缢缩或开裂，使幼苗生长受阻、倒折或逐渐枯死。根腐病致病病原菌能在土壤中存活很多年，一旦遇到水涝、土壤压实等有利的发病条件，植株就很容易发病。病害可导致小扁豆 30%~70% 的产量损失，严重发生的地块减产可达 80% 以上。

(1) 侵染循环与发生规律　根腐病病菌以菌丝体或菌核在土壤中或病残体上越冬，在土中可腐生 2~3 年。丝核菌侵染力最强，病害发生严重。土壤温度对病害的影响明显，但土壤过干或过湿都抑制病害的发生和发展。根腐病的发生与土壤水分关系密切，病菌在20℃生长良好，土壤温度低，出苗缓慢，有利于病菌侵入，易发病。田间排水不良、土壤黏重发病重。根腐病病原菌菌丝可从须根侵入，向侧根及主根扩展，产生长形褐色病斑，使主根缢缩，根部皮层坏死。病斑也可扩展至茎基部，造成地上部矮缩枯死。厚垣孢子可在土壤中存活很多年。真菌一旦侵染到根系，便会在整个植物组织的表皮层产生厚垣孢子进行病菌扩展。

（2）防治措施　根腐病是个土传病害，病原菌极其复杂，必须利用综合治理方法进行预防。我国已培育出一些抗性较好的品种，不同种植地区可根据品种的适应性，合理选择用种。小扁豆对根腐病的抗性为数量性状，抗性受环境因素影响较大，必须辅以农业防治、生物防治、药剂防治等综合措施才能有效控制病害的为害。农业防治措施：与禾本科作物轮作3~5年；合理施肥，多施腐熟的有机肥，增施磷钾肥，改善土壤质量；高垄栽培，合理密植，适时播种，雨后及时排水；播前防治地下害虫、胞囊线虫等；收获后及时清除田间病残体等。采用哈茨木霉、芽孢杆菌、假单胞杆菌、土壤放射杆菌等生防菌也可提高植株的抗病性，从而降低根腐病的发生；用多菌灵等广谱杀菌剂拌种或进行种子包衣，以保护幼根；发病初期用50%甲基托布津可湿性粉剂、50%多菌灵可湿性粉剂、40%多菌灵悬浮剂等，采用喷灌结合。

第二节　主要虫害及其综合防控

一、害虫种类及为害

为害小扁豆的害虫有20多种。

生产中常常需要采取防治的虫害有豌豆蚜、豇豆蚜、叶象甲 、草盲蝽和切根虫。其他害虫还有蓟马、食芽象甲、豆荚小卷蛾、棉铃虫、豆荚螟、根蚜、潜叶蝇，这些害虫在世界不同产区局部发生，对小扁豆生产造成严重的为害。

豌豆蚜和豇豆蚜严重为害时会造成植株萎蔫、畸形和落花落荚，蚜虫还是花叶病毒病的主要传播者，对小扁豆生产构成为害。蓟马为害可使花朵变形和失色、叶上有白色条纹或白色斑点、荚上有褐色条纹，但为害程度一般不严重。切根虫通过蛀食幼苗茎的生长点和幼根而使小扁豆植株死亡，随后又为害其他小扁豆苗的茎部和根部。豆荚螟在印度是小扁豆的主要虫害，其幼虫蛀食荚中尚未成熟的籽实。食芽象甲成虫危害叶片，幼虫为害花和胚珠。叶象甲成虫为害叶片和幼茎，幼虫为害根瘤，影响小扁豆固氮。

为害小扁豆的仓储性害虫有扁豆象、绿豆象和豇豆象，不仅毁坏大量的种子，还影响小扁豆种子的发芽。

小扁豆线虫病在世界范围内普遍存在，在印度、叙利亚、土耳其和非洲国家常是重要病害，主要有孢囊线虫（Heterodera ciceri）、根结线虫（Meloidogyne incognita）、根短体线虫（Pratylenchus spp.）、茎线虫（Ditylenchus dipsaci）、肾线虫（Rotylenchulus reniformis）。茎线虫常见于世界温带地区，包括欧洲和地中海地区、南美洲、北美洲、南非、北非、亚洲和大洋洲。

小扁豆经常受到害虫的侵扰。其中，最常发生的害虫是地老虎、食荚螟、蚜虫、豆象和叶象鼻虫等。主要害虫发生时期如下。

（1）出苗期　蛴螬。

（2）苗期至花期　主要是美洲斑潜蝇、豌豆潜叶蝇、根蛆、根瘤象、豆秆蝇。

（3）花期和初始结荚期　主要是蚜虫、花蓟马，豆荚蝇、豆秆蝇、豆芫菁、盲蝽、大青叶蝉、飞蝗、蚱蜢、小卷蛾、红蜘蛛。

仓储害虫主要是蚕豆象、豌豆象和四纹豆象。

二、害虫防治

1. 地下害虫防治

为害小扁豆的地下害虫有地老虎、金针虫等，通过蛀食幼苗茎的生长点和幼根而使小扁豆植株死亡，随后又为害其他小扁豆苗的茎部和根部。用杀虫剂拌种，是防治地下害虫较好的方法。

2. 地上害虫防治

（1）食荚螟　在印度，该虫是小扁豆的主要虫害。其幼虫蛀食荚中尚未成熟的籽实，影响产量和品质。可用杀虫剂对其进行有效的防治。

（2）蚜虫　豌豆蚜、豇豆蚜等为害小扁豆。为害严重时，会造成植株萎蔫、畸形和落花落荚。蚜虫还是豌豆耳突状花叶病毒病、豌豆条斑花叶病毒病和其他种类花叶病毒病的主要传播者，对小扁豆的高产构成危害。宜及早喷洒防治。

（3）蓟马　蓟马也是小扁豆上常见的虫害，为害症状后花朵变形、失色，叶上有白色条纹或白色斑点，荚上有褐色条纹。但为害程度一般不严重。

（4）豆象　豆象不仅毁坏小扁豆的种子，而且降低种子的发芽力。小扁豆受豆象为害的程度也因小扁豆品种而异。可在小扁豆初花期用药剂喷雾防治，生育期用药 2~3 次，每次用药间隔 7~10d。① 25% 快杀磷乳油 25g/ 亩，兑水 15kg 花期喷药。②功夫菊酯 50mL/ 亩，兑水 10~15kg 喷雾。③ 20%氰戊菊酯乳油 50g/ 亩，兑水 10~15kg 喷雾。

（5）叶象鼻虫　该虫有几个种在很多地区造成小扁豆减产，其幼虫蛀食小扁豆的根和根瘤，成虫取食小扁豆叶片，受害的叶片边缘呈齿状。当小扁豆的生长环境严重影响其生长速度时，叶象鼻虫会造成严重为害，甚至使幼苗死亡。利用熏蒸和杀虫剂可有效杀灭叶象鼻虫。

第三节　主要草害及其综合防控

一、小扁豆田间主要草害

在北方，小扁豆常种在瘠薄旱地，相对禾本科作物更易受田间旱生杂草的为害。北方春播区为害小扁豆的主要是野燕麦、狗牙根、稗草、苣荬菜、猪殃殃、刺儿菜、灰绿藜、反枝苋等旱生杂草。小扁豆株高较矮，生育期较短，苗期至分枝期间常受到速生禾本科杂草为害，花荚期至收获期主要受阔叶杂草为害。

整个生育期，如不进行有效的杂草处理，产量损失将达 50% 以上。苗期杂草发生基数较少，田间较易防治；分枝期至成熟期杂草较多。

二、防控措施

播后苗期和分枝期，各进行一次中耕除草，可有效抑制早期杂草的发生和为害。在小扁豆整个生长周期中，采用单一的防治措施很难有效控制杂草的为害，还应将轮作倒茬、适时中耕等多种农业控草措施及化学除草有效结合。

小扁豆田杂草的化学防除主要通过土壤处理和苗后茎叶处理，而拌种处理的较少。其中，土壤处理除草剂主要由根部吸收，苗后除草剂主要由茎叶吸收。在美国、加拿大等发达国家，小扁豆田间化学除草剂研究走在世界的前沿，现阶段有近 20 种化学除草剂登记使用。

土壤处理除草剂主要有二甲戊乐灵、精异丙甲草胺、氟乐灵、甲草胺、敌草胺等（表 5–2）；苗后茎叶除草剂主要有烯禾啶、高效氟吡甲禾灵、精吡氟禾草灵等（表 5–3）。

表 5-2　小扁豆田间土壤处理除草剂（杨晓明，2020）

通用名称	商品名称	常用剂型	推荐剂量
精异丙甲草胺+解草酮	金都尔	96% 乳油	80~120 mL/ 亩
二甲戊乐灵	施田补、除草通、除芽通	33%乳油	100~120mL/ 亩
氟乐灵	氟特力、茄科宁、特福力、氟利克	48% 乳油	80~100mL/ 亩
燕麦畏	阿畏达	40% 乳油	60~120mL/ 亩
西码津	西码津	40% 胶悬剂	200~300mL/ 亩
萘丙酰草胺	大惠利、敌草胺	50% 粉剂	120~150mL/ 亩
地乐胺	仲丁灵、双丁乐灵	48% 乳油	200~250mL/ 亩
甲草胺	澳特拉索、草不绿、杂草锁	48%拉索乳油	90~120mL/ 亩
咪草烟	普施特、普杀特、醚草烟、豆草唑、豆草特、灭草烟	5% 水剂	80~160mL/ 亩
乙丁烯氟灵	乙丁烯氟灵	40% 乳油	100~200mL/ 亩
茵草敌	扑草灭、丙草丹、茵达灭	72% 浓乳剂	120~300mL/ 亩
嗪草酮	赛克津、草克净、灭必净	70% 可湿性粉剂	40~60g/ 亩

表 5-3　小扁豆田间苗期茎叶处理除草剂（杨晓明，2020）

通用名称	商品名或其他名	常用剂型	推荐剂量
烯禾啶	拿捕净、硫乙草丁、硫乙草灭、西杀草	20% 乳油	60~120mL/ 亩
精吡氟禾草灵	精稳杀得、氟草除、氟草灵、盖草灵、高效盖草能	15% 乳油	50~100 mL/ 亩
烯草酮	收乐通、赛乐特、乐田特、氟烯草酸	24% 乳油	20~30 mL/ 亩
高效氟吡甲禾灵	高效氟吡甲禾灵、高效盖草能、精盖草能	10.8%乳油	30~50mL/ 亩

本章参考文献

安欢乐，燕翀，徐娜，等，2016.3 种镰刀菌对小扁豆生长的影响 [J]. 草业科学，33（1）：67–74.

范树阳，2004. 加拿大有机农业中的杂草管理 [J]. 内蒙古环境保护，16（2）：36–41.

高克昌，韩云丽，赵随堂，等，2007. 小扁豆田除草剂除草试验 [J]. 山西农业科学，35（1）：61–63.

韩行成，2012. 影响除草剂药效的因素 [J]. 养殖技术顾问（2）：254.

林振康，1992. 进口小扁豆中检出欧洲兵豆象 [J]. 植物检疫（2）：70.

刘新琼，张向明，2007. 豆类蔬菜地杂草的防除措施 [J]. 长江蔬菜（8）：29.

鲁传涛，2014. 除草剂原理与应用原色图鉴 [M]. 北京：中国农业科学技术出版社.

农业农村部种植业管理司，农业农村部农药检定所，2015. 新编农药手册 [M]. 2 版. 北京：中国农业出版社.

强胜，2018. 中国杂草生物学研究的新进展 [J]. 杂草学报，36（2）：1–9.

任品会，李朋玉，黄连华，2018. 农田杂草识别与防除原色生态图谱 [M]. 2 版. 北京：中国农业科学技术出版社.

苏少泉，宋顺祖，1996. 中国农田杂草化学防治 [M]. 北京：中国农业出版社.

孙家隆，2015. 新编农药品种手册 [M]. 北京：化学工业出版社.

王永卫，高为民，刘秀华，等，1986. 稀禾定及其使用技术 [J]. 农药（6）：58–59.

薛仁风，赵阳，庄艳，等，2015. 几种除草剂对绿豆田杂草的防治效果及对绿豆表型性状的影响 [J]. 河南农业科学，44（4）：101–105.

张朝贤，张跃进，倪汉文，2000. 农田杂草防除手册 [M]. 北京：中国农业出版社 .

张殿京，陈仁霖，1992. 农田杂草防除大全 [M]. 上海：上海科学技术文献出版社 .

张彦梅，李敏权，2007. 甘肃定西小扁豆镰刀菌根腐病病原鉴定及致病性测定 [J]. 杂粮作物（3）: 235–237.

Beckie H J,2014. Herbicide Resistance in weeds and crops: challenges and opportunities: recent advances in weed management[M]. New York: Springer New York.

Boerboom C M, Young F L,1995. Effect of postplant tillage and crop density on broadleaf weed control in dry Pea (*Pisum sativum*) and lentil (*Lens culinaris*) [J]. Weed Technology, 9(1): 99–106.

Cao Z, Li L, Kapoor K, et al., 2019. Using a transcriptome sequencing approach to explore candidate resistance genes against stemphylium blight in the wild lentil species Lens ervoides[J]. BMC Plant Biol, 19(1): 399.

Dikshit H K, Singh A, Singh D, et al., 2016. Tagging and mapping of SSR marker for rust resistance gene in lentil (*Lens culinaris* Medikus subsp. *culinaris*)[J]. Indian J Exp Biol, 54(6): 394–399.

Eslami S V,2014. Weed management in conservation agriculture systems: recent Advances in weed management[Z]. New York: Springer.

Fernández-Aparicio M, Sillero J C, Rubiales D, 2009. Resistance to broom-rape in wild lentils (*Lens* spp.)[J]. Plant Breeding, 128(3): 266–270.

Gossen B D, Derksen D A,2003. Impact of tillage and crop rotation on ascochyta blight (*Ascochyta lentis*) of lentil[J]. Canadian Journal of Plant Science, 83(2): 411–415.

Henares B M, Debler J W, Farfan-Caceres L M, et al., 2019. Agrobacterium tumefaciens-mediated transformation and expression of GFP in Ascochyta lentis to characterize ascochyta blight disease progression in lentil[J]. Plos One, 14(10): 223 419.

Jain S, Porter L D, Kumar A, et al., 2014. Molecular and phenotypic characterization of variation related to pea enation mosaic virus resistance in lentil (*Lens culinaris* Medik.)[J]. Canadian Journal of Plant Science, 94(8): 1 333–1 344.

Kanawaty A, Kumari S, Van Leur J, et al., 2017. Screening of lentil genotypes for resistance to Bean yellow mosaic virus and effect of mixed infection on the susceptibility of some resistant lentil genotypes[J]. Arab Journal for Plant Protection, 35(3): 171–177.

Kraska P, Andruszczak S, Kwieci ń ska-Poppe E, et al., 2019. Supporting crop and different row spacing as factors influencing weed infestation in lentil crop and seed yield under organic farming conditions[J]. Agronomy, 10(1): 9.

Ma Y, Marzougui A, Coyne C J, et al., 2020. Dissecting the genetic architecture of aphanomyces root Rot resistance in lentil by QTL mapping and genome-wide association study[J]. International Journal of Molecular Sciences, 21(6): 2 129.

Podder R, Banniza S, Vandenberg A,2013. Screening of wild and cultivated lentil germplasm for resistance to stemphylium blight[J]. Plant Genetic Resources, 11(1): 26–35.

Rubiales D, Fernández-Aparicio M,2012. Innovations in parasitic weeds management in legume crops. A review[J]. Agronomy for Sustainable Development, 32(2): 433–449.

Sari E, Bhadauria V, Ramsay L, et al., 2018. Defense responses of lentil (*Lens culinaris*) genotypes carrying non-allelic ascochyta blight resistance genes to Ascochyta lentis infection[J]. Plos One, 13(9): 204 124.

Singh S, Abbasi, Hisamuddin, 2013. Histopathological response of *Lens culinaris* roots towards root-knot nematode, Meloidogyne incognito[J]. Pak J Biol Sci, 16(7): 317–324.

Thavarajah D, Abare A, Mapa I, et al., 2017. Selecting lentil accessions for global selenium biofortification[J]. Plants, 6(4): 34.

Torabian S, Farhangi-Abriz S, Denton M D,2019. Do tillage systems influence nitrogen fixation in legumes? A review[J]. Soil and Tillage Research, 185: 113–121.

Vail S, Strelioff J V, Tullu A, et al., 2012. Field evaluation of resistance to Colletotrichum truncatum in Lens culinaris, *Lens ervoides*, and *Lens ervoides* × *Lens culinaris* derivatives[J]. Field Crops Research, 126: 145–151.

Van Emden H F, Ball S L, Rao M R, 1988. Pest, disease and weed problems in pea, lentil, faba bean and chickpea: World crops: Cool season food legumes: A global perspective of the problems and prospects for crop improvement in pea, lentil, faba bean and chickpea[Z]. Netherlands : Springer.

Van Huis A, Dunkel F V,2017. Chapter 21-Edible Insects: A neglected and promising food source: sustainable protein sources[Z]. San Diego: Academic Press.

Yu M, Afef M, J C C, et al., 2020. Dissecting the genetic architecture of aphanomyces ROL rot resistance in lentil by QTL mapping and genome-wide association study [J]. International Journal of nolecular Sciences, 21(6) : 2 129.

第六章　营养品质与综合利用

第一节　营养成分

小扁豆富含蛋白质、碳水化合物、维生素、矿质元素和膳食纤维等，具有全面而均衡的营养，是很好的高蛋白、低脂肪食材。尤其是蛋白质中含有人体必需的各种氨基酸，营养价值较高。在所有可食用豆类植物中，小扁豆由于其丰富和完全的营养价值受到越来越多消费者的重视，成为健康膳食的代表。小扁豆脱粒后剩下的残渣，例如秸秆、荚皮、叶片和其他碎片，是家畜的优质粗饲料，小扁豆各部位营养成分见表 6–1。

表 6–1　小扁豆各部位的营养成分占干物质比重　（单位：%）

分析部位	粗蛋白质	粗脂肪	粗纤维	无氮浸出物	灰分
全株干草	4.98	2.04	24.21	56.55	12.22
籽粒	26.70	1.20	0.50	59.60	12.00
荚壳	12.60	0.80	29.00	54.10	3.50

注：资料引自陈默君《中国饲用植物》，2002。

聂刚等（2013 年）对小扁豆、芸豆、小红芸豆、红芸豆、黑芸豆、白芸豆、小利马豆、豇豆、绿豆、鹰嘴豆等 10 种杂豆的蛋白质、氨基酸及矿物质含量进行了研究分析。研究表明，不同杂豆的蛋白质含量存在显著性差异，10 种杂豆蛋白质含量为 223.7~280.5g/kg，平均为 251.4g/kg，其中，小扁豆蛋白质含量最高，为 280.05g/kg，绿豆次之，鹰嘴豆蛋白质含量最低（表 6-2）。

表 6-2　小扁豆和其他 9 种杂豆蛋白质含量的比较（$\bar{X} \pm s$）（单位：g/kg）

样品	水分	蛋白质
小扁豆	98.5	280.5 ± 1.3
小红芸豆	98.0	257.2 ± 2.2
红芸豆	92.4	256.3 ± 2.1
黑芸豆	94.0	254.4 ± 4.2
白芸豆	97.3	257.2 ± 5.3
小利马豆	101.8	239.4 ± 4.0
豇豆	97.3	246.1 ± 1.2
绿豆	95.4	271.2 ± 2.3
鹰嘴豆	112.2	223.7 ± 5.2

注：资料引自聂刚，2013。

杂豆含有 17 种氨基酸，必需氨基酸总量为 367.8~455.9g/kg，占氨基酸总量的 45.2%~49.9%，均高于国际粮农组织和世界卫生组织（FAO/WHO）标准。小扁豆中含有的 17 种氨基酸中必需氨基酸总量为 390g/kg，非必需氨基酸总量最小为 397.9g/kg，必需氨基酸占氨基酸总量的 49.5%，其中，精氨酸和赖氨酸含量在几种杂豆中较高，分别为 59.8g/kg 和 85.4g/kg，赖氨酸含量远高于国际粮农组织和世界卫生组织（FAO/WHO）公布的标准赖氨酸含量（55g/kg）（表 6-3）。赖氨酸具有促进胃液分泌、增进食欲，提高钙吸收及其在体内的积累，加速骨骼生长等作用，对人体特别是青少年儿童的生长发育有明显的促进作用，若缺乏赖氨酸，会造成胃液分泌不足而出现厌食、营养性贫血等症状，致使中枢神经发育不良，免疫功能也会受到影响。

表 6-3　小扁豆和其他 9 种杂豆氨基酸组成及含量对比　（单位：g/kg）

氨基酸	小扁豆	芸豆	小红芸豆	红芸豆	黑芸豆	白芸豆	小利马豆	豇豆	绿豆	鹰嘴豆	平均值
精氨酸	59.8	52.2	47.9	50.8	57.5	52.1	46.0	59.3	55.7	70.1	55.1
组氨酸	18.5	27.2	23.7	27.7	25.2	28.4	31.0	27.2	24.0	19.6	25.3
异亮氨酸	40.6	45.2	42.4	41.8	44.9	46.7	46.4	38.6	40.6	42.0	42.9
亮氨酸	59.4	68.9	72.8	69.9	74.4	78.2	72.4	63.0	69.0	62.9	69.1
赖氨酸	85.4	79.8	68.9	64.1	86.2	74.7	65.3	78.0	80.1	80.8	76.3
蛋氨酸	6.8	11.4	8.2	10.5	12.6	17.1	10.9	12.2	12.9	7.6	11.0
苯丙氨酸	45.9	82.0	46.7	43.4	59.4	48.2	6.7	54.1	41.7	48.2	47.6
苏氨酸	32.0	36.0	34.6	34.4	42.5	39.3	38.5	35.8	28.8	35.3	35.7
缬氨酸	41.6	48.7	49.0	53.1	53.1	52.1	50.6	45.1	56.5	44.6	49.5
必需氨基酸总量	390.0	451.3	394.2	395.7	455.9	437.0	367.8	413.4	409.2	411.2	412.6
氨基酸	小扁豆	芸豆	小红芸豆	红芸豆	黑芸豆	白芸豆	小利马豆	豇豆	绿豆	鹰嘴豆	平均值
丙氨酸	35.6	36.4	37.0	39.8	46.1	41.2	38.1	36.6	38.7	37.9	38.7
天门冬氨酸	92.5	100.4	98.1	102.0	107.1	108.2	104.6	95.1	100.0	100.4	100.8
胱氨酸	3.9	3.1	1.6	2.0	6.7	3.9	5.0	2.4	4.8	6.3	4.0
谷氨酸	143.4	152.2	124.4	152.3	147.6	147.1	138.5	160.2	157.9	163.4	150.5
甘氨酸	32.4	33.8	34.2	35.5	38.2	35.8	35.1	33.7	32.5	35.3	34.7
脯氨酸	31.7	54.4	50.6	69.5	60.2	66.9	53.6	57.7	58.7	45.5	54.9
丝氨酸	38.1	42.5	48.6	50.4	53.9	52.5	49.8	38.6	43.2	41.5	45.9
酪氨酸	20.3	29.8	15.2	14.1	18.1	30.0	20.5	21.5	19.2	17.4	20.6
非必需氨基酸总量	397.9	452.6	427.6	465.6	478.0	485.6	445.2	445.9	455.0	447.8	450.0

注：资料引自聂刚，2013。

10 种杂豆含有人体所需的多种矿质元素，杂豆中的矿质元素间含量差别很大，矿质元素的含量为钾 > 镁 > 钙 > 铁 > 锌 > 锰 > 铜 > 锶 > 钴。小扁豆中铁和锌含量较高，分别为（72.74 ± 0.28）mg/kg 和（37.51 ± 0.1）mg/kg（表 6-4）。

表 6-4　小扁豆和其他 9 种杂豆矿质元素组成及含量对比　（单位：mg/kg）

样品	Mg	K	Ca	Mn	Fe	Co	Cu	Zn	Sr
小扁豆	1 036.86 ± 14.42	11 086.46 ± 138.11	462.15 ± 6.21	13.14 ± 0.10	72.74 ± 0.28	0.07 ± 0.00	9.13 ± 0.03	37.51 ± 0.10	1.38 ± 0.03
小红芸豆	1 453.55 ± 67.12	160 322.21 ± 270.02	857.42 ± 14.15	11.82 ± 0.19	67.48 ± 2.19	0.23 ± 0.01	7.65 ± 0.32	27.71 ± 1.23	2.60 ± 0.02
红芸豆	1 193.02 ± 26.45	14642.34 ± 368.30	824.94 ± 25.13	13.84 ± 0.17	57.24 ± 1.21	0.13 ± 0.00	8.13 ± 0.12	28.40 ± 0.31	1.48 ± 0.03
芸豆	1 345.02 ± 44.37	14 210.9 ± 284.8	944.71 ± 31.11	12.70 ± 0.44	59.44 ± 0.57	0.17 ± 0.01	7.34 ± 0.08	23.33 ± 0.85	4.33 ± 0.06
黑芸豆	1 592.91 ± 3.54	15 680.50 ± 335.12	1 233.48 ± 40.22	14.31 ± 0.10	87.80 ± 0.68	0.14 ± 0.00	11.17 ± 0.09	34.55 ± 0.34	1.82 ± 0.02
白芸豆	1 464.54 ± 40.97	15 741.81 ± 320.21	1 111.20 ± 21.25	20.62 ± 0.51	80.47 ± 1.18	0.15 ± 0.00	9.27 ± 0.15	25.53 ± 0.80	6.26 ± 0.06
小利马豆	1 692.7 2 ± 18.00	17 421.82 ± 330.83	694.03 ± 0.14	2.10 ± 0.00	66.29 ± 2.62	0.08 ± 0.00	7.71 ± 0.01	26.89 ± 0.02	5.90 ± 0.02
豇豆	1 676.89 ± 44.85	12 886.12 ± 281.42	746.62 ± 31.65	14.21 ± 0.11	57.57 ± 0.21	0.12 ± 0.00	9.79 ± 0.20	41.34 ± 0.03	3.98 ± 0.15
绿豆	1 120.35 ± 21.19	11 376.68 ± 186.01	764.59 ± 3.29	10.38 ± 0.22	52.37 ± 1.31	0.07 ± 0.00	9.29 ± 0.19	21.07 ± 0.16	6.87 ± 0.15
鹰嘴豆	1 277.52 ± 24.75	11 696.33 ± 275.02	809.04 ± 20.13	5.48 ± 0.02	54.58 ± 2.34	0.16 ± 0.01	8.82 ± 0.11	36.15 ± 0.13	6.88 ± 0.1
平均值	1 385.3	14 080.85	844.8	11.83	65.60	0.13	8.83	30.24	4.15

注：资料引自聂刚，2013。

从表 6-5 可以看出，小扁豆籽粒平均蛋白质含量是小麦的 2 倍多，富含铁和钾，它的含铁量是小麦和其他豆类的 2 倍多；还含有维生素 A、维生素 E 和维生素 K 等，维生素 B 和叶酸的含量也较高，深色小扁豆里的色素有抗氧化剂的作用，可以预防心脏病和癌症，抗衰老（梁喜龙等，2017）。在日常膳食中，可提高人体的营养健康水平，有消炎解毒，治疗咽喉炎、扁桃体炎等功效（高向阳等，2013），随着豆类作物特别是小扁豆的营养价值和对健康的益处逐渐被消费者认识和接受，市场上小扁豆的需求量逐年增加，对小扁豆营养成分的研究也被人们所关注（Zou，2011）。

表 6–5　小扁豆和小麦的营养成分比较　　（100g 干籽粒含量）

项目	小扁豆（去皮）	小麦	项目	小扁豆（去皮）	小麦
热量（kJ）	1 423.50		磷（mg）	350.00	383.00
水分（g）	12.20	13.00	铁（mg）	7.00	3.10
蛋白质（g）	23.70	11.50	钠（mg）	84.00	53.00
脂肪（g）	1.30	2.20	钾（mg）	780.00	349.00
碳水化合（g）	57.40	69.30	硫胺素（mg）	0.46	0.57
粗纤维（g）	3.20	2.30	核黄素（mg）	0.30	0.12
灰分（g）	2.20	1.70	尼克酸（mg）	2.00	4.30
钙（mg）	6.80	36.00			

注：资料引自 Webb，1981。

从表 6–6 中看出，小扁豆籽粒中赖氨酸含量是小麦的 2 倍多，硫氨基酸（蛋氨酸和胱氨酸）和色氨酸的含量比小麦低。赖氨酸是一种人体不能合成的必需氨基酸，研究显示赖氨酸在促进蛋白质的吸收和利用、均衡营养、改善神经系统功能、增强免疫系统功能、防止骨质疏松和促进生长发育等方面都具有极其重要的生理意义，它在谷物食品中含量很低，而且在加工过程中易被破坏，所以，在膳食结构以谷物食物为主的人群中容易缺乏，从而影响了机体对膳食中蛋白质的吸收和利用，因而被称为粮谷类食品第一限制氨基酸。赖氨酸在正常摄入水平时对机体的多个系统功能均呈现促进作用，对脑损伤和精神障碍有明显的恢复作用，通过增加免疫球蛋白含量促进免疫系统功能，促进骨胶原蛋白合成，预防骨质疏松症。另外，赖氨酸对生长发育、保护某些代谢酶的活性、保护血管功能及减少肾脏中非特异性抗体的堆积都有一定的作用。但是，个别报告在临床使用过程中也出现一些不良的症状，可能与赖氨酸有关。有关赖氨酸的作用机理研究报道不多，应该作为今后的研究方向（黄元新，2008）。

表 6–6　小扁豆籽粒中的氨基酸含量及其与小麦的比较（单位：mg/1g 氮）

氨基酸种类	小扁豆（褐粒）	小扁豆（去皮）	小扁豆（大粒亚种）	小麦
赖氨酸	516	496	520	186
蛋氨酸	25	43	15	127
苏氨酸	212	192	247	184
亮氨酸	468	465	474	472
异亮氨酸	260	252	268	348
缬氨酸	308	329	468	313
苯丙氨酸	262	308	304	334
色氨酸	39	48	41	50
精氨酸	612	524	493	353
组氨酸	174	166	177	166
丙氨酸	265	252	207	230
天门冬氨酸	788	921	690	315
谷氨酸	1 092	1 088	1 080	2 100
甘氨酸	270	259	262	250
脯氨酸	309	266	290	587
丝氨酸	320	303	312	382
酪氨酸	253	204	214	225
胱氨酸	39	17	34	121

注：资料引自 Webb，1981。

第二节　主要用途

一、粮用

小扁豆营养价值较高，在中国，作为主要的小杂粮，小扁豆是加工优质面粉、淀粉等的优质原料。一般与小麦一起磨粉后做主食，也与其他谷类面粉混合做面包、糕点，并制成婴儿和病人的营养食品；其淀粉可制作凉粉食用，小扁豆干籽粒也常与小米等一起煮食。在印度，小扁豆主要做成一种豆瓣食用；在欧美和地中海地区，小扁豆主要做成罐头食品、甜食、豆汤或速溶豆粉。

1. 小扁豆面

将小扁豆面与小麦面或莜麦面按一定的比例混合，加适量清水揉成面团，然后或擀或压，可制成面条、雀舌面、拨鱼儿等，下锅煮熟以后，浇上提前准备好的汤汁，即可食用。

2. 搅团或散饭

取适量小扁豆面与小麦面按 1∶2 比例拌匀，将面均匀撒入开水锅中，用散饭叉不停地搅拌，防止结团夹生，搅到黏稠状，盛入盘或碗中，用勺子压扁，加上盐、醋或浆水等调味品即可食用。

3. 凉粉

将小扁豆淀粉用水调为稀糊状，另备水烧沸，加入白矾，再将小扁豆淀粉倒入沸水中，边倒边搅拌，凝固后摊凉，用刀切成 1.5cm 条状，加入调料即可食用。

4. 小扁豆粥

小扁豆和大米、小米等各适量，提前先把小扁豆清洗干净泡透，然后把大米淘洗一下，和泡好的扁豆一起放锅里加水煮，因为熬的时间比较长所以要多加点水，然后加盖，水沸后略掀盖，熬 40min 左右即可。

二、菜用

小扁豆干籽粒可生成小扁豆芽（苗），作为蔬菜食用。小扁豆去掉杂质，清洗干净。浸泡一晚，冲洗数次，留少量水保湿，用盖盖住盆口，防止扁豆芽长出见光变绿，需要每天早晚换两次水，一周左右，小扁豆芽（苗）长至 1cm 以上即可食用。

三、医用

现有研究表明，小扁豆含有丰富的矿物质元素（如铁、钾、镁、锰、铜、磷和锌等）、膳食纤维、黄酮类化合物、酚类化合物、低聚糖（如果糖、蔗糖、麦芽糖等）、维生素、不饱和脂肪酸、叶酸等重要营养物质，食用适量小扁豆可以有效降低心血管疾病、糖尿病、高血压、肥胖及各类炎症等疾病的发病率，清除体内的血胆固醇（Delzenne et al., 2005; Durre et al., 2017）。

1. 人群实验结果

（1）防治心血管疾病的活性　Boye 等（2010）的研究发现小扁豆具有血管紧张素转换酶的抑制活性，并得出红小扁豆的蛋白水解液具有潜在降血压活性；小扁豆含有膳食纤维，其含量为 8g/100g，人群膳食中摄入一定量的小扁豆可降低心血管疾病的患病风险（Brown et al., 1999; Pereira et al., 2004; Whelton et al., 2005; Schulze et al., 2007），小扁豆还含有一定量的钾与叶酸，平均一份（半杯的量）熟小扁豆即可向成年人提供每日推荐摄入量的 45%，人群膳食中钾的摄入可以降低中风和高血压风险（Larsson et al., 2011; Amarowicz et al., 2009）。小扁豆中含有一定量的山柰酚，它可以通过抑制低密度脂蛋白（LDL）氧化与血液中血小板的形成来达到预防动脉粥样硬化的效果。

（2）控制血糖与改善胰岛素敏感性　饮食纤维的摄入与糖尿病风险增加之间存在反比关系（Castro et al., 2005），小扁豆中的可溶性膳食纤维可改善糖尿病患者与非患病者的胰岛素敏感性，有效管理了糖尿病的饮食模式（Festa et al., 2006; Taskinen, 1998; Lanza et al., 2006）；在 41 项针对部分低脂高纤豆类与血糖控制作用的临床试验评估中发现，单独使用低血糖指数（GI）或高纤维豆类饮食能够改善空腹血糖、胰岛素和 HbA1c（Sievenpiper et al., 2006），小扁豆作为一种低脂高纤豆，可以认为其具有上述生理功能；小扁豆中的酚类化合物具有一定的消化酶抑制活性，它能够有效抑制 α- 葡萄糖苷酶和脂肪酶等相关的消化酶的活性，这种抑制活性使小扁豆具有延缓饭后血糖急剧升高、预防糖尿病与控制肥胖的功效（Zhmzng et al., 2010; He et al., 2007）。

（3）抗氧化与防癌活性　小扁豆中含有生育酚等脂溶性生物活性化合物，小扁豆中的 γ- 生育酚含量为 3.63~6.35mg/100g，占总生育酚的 96%~98%，为总生育酚中的主要成分。小扁豆富含植物化学素，主要为黄酮类化合物及少量的酚酸类化合物，其具有较强的抗氧化、抗菌消炎、降压与防癌等活性（Ballardt et al., 2010; Fernandez-Panchon et al., 2008; Slusarczyk et al., 2009），小扁豆中的总黄酮含量为 0.6~1.98mg CE/g；总酚含量为 4.56~8.34mg GAE/g；酚酸类化合物含量为 3~7.8mg CE/g。研究表明，小扁豆中的酚类物质主要是山柰酚糖苷、儿茶素糖苷、表儿茶素糖苷和儿茶素没食子酸酯等，以缩合单宁类为主，约占总酚含量的 59.52%~93.53%；主要酚酸类物质是香豆酸和对羟基苯甲酸，但含量相对较少，为 0.72~1.87mg/100g。其中，含有的山柰酚具有很强的抗氧化活性，可以阻止人体内细胞、脂质与 DNA 的氧化损伤，山柰酚也可作为化学防癌的药物，它可以降低癌细胞的耐药性，并且可以与槲皮素等天然酚类化合物共同发挥抗癌作用（Limtrakul et al., 2005; Ackland et al., 2005）。

2. 动物实验结果

（1）降血压　Hanson 等（2018）以雄性自发性高血压老鼠为动物模型，饲喂含小扁豆的饲料四周，收集对照组与实验组老鼠的饲料与尿液，对其进行 LC-QTOF-MS 分析，结果显示，在实验组尿液的代谢物中，发现了瓜氨酸，瓜氨酸是由精氨酸通过一氧化氮合酶代谢的副产物，在此代谢过程中还生成了可以调节血压的一氧化氮，而在含小扁豆饲料的成分分析中发现了精氨酸，因此研究得出小扁豆膳食具有潜在的降血压活性。

（2）缓解心脑血管疾病　心脑血管疾病已成为世界范围内人类致死的重要诱因，其中饮用水中砷的存在是心血管疾病发生的因素之一，而小扁豆中含有硒元素，可以解除砷的毒性，在 Regina 等（2016）的研究中，将雄鼠作为实验模型，先对其进行含砷饮用水心血管疾病模型的建立，再饲喂不同剂量硒的小扁豆膳食 13 周，评价主动脉弓与窦性病变的形成情况、病灶细胞组成及血脂水平等指标，实验结果表明，添加硒强化小扁豆的膳食摄入使老鼠的窦性病斑减少、主动脉弓消失、缓解了硒诱导的氧化应激症状，说明硒强化小扁豆有着潜在防治砷诱导的动脉粥样硬化的活性。

3. 细胞实验结果

López 等（2017）通过对小扁豆烹煮与生芽探究处理后小扁豆中酚酸类成分的变化，并借助细胞实验来评价其抗肿瘤与神经保护活性的大小，实验结果发现两种加工方式均使得小扁豆内成分发生显著改变，其表现为体外细胞实验中的抗氧化活性有所降低，但神经保护活性并未发生显著性影响，处理的豌豆样品对细胞仍有一定的抗肿瘤活性，其中发芽小扁豆对黑素瘤细胞系具有最强的抗肿瘤活性。小扁豆内植物化学成分具有一定的体外抗氧化活性，可以对氧化应激损伤的细胞起到保护作用，张兵（2014）以 Caco-2 细胞为抗氧化模型探究小扁豆的抗氧化活性，实验结果表明消化前后的小扁豆可溶性酚类物具有比较强的细胞抗氧化活性，其可以降低由过氧化氢诱导 Caco-2 细胞的氧化应激损伤，又以 TNF-α 诱导 Caco-2 细胞为炎症模型，实验结果表明煮熟的小扁豆可溶性酚类物能够显著抑制促炎因子 IL-8 的释放，显著下调促炎因子 IL-6、IL-1β、COX-2 mRNA 的表达。Binghmzm 等（2002）的研究表明小扁豆的山柰酚糖苷、槲皮素糖苷等黄酮类成分可以发挥一定的抗炎活性，可显著抑制炎症细胞释放促炎因子 IL-8，降低促炎因子 IL-6、IL-1β 和 COX-2 mRNA 的表达水平；Wilczok（2005）报道了山柰酚的体外研究，其研究表明山柰酚能够抑制单核细胞趋化蛋白（MCP-1）的表达，而 MCP-1 与动脉粥样硬化斑块形成的初始阶段具有一定的相关性。

四、其他用途

小扁豆淀粉品质好，其黏滞度（Viscosity）在较大温度变幅内保持稳定，故在印刷和纺织工业上可被利用（潘启元，1992）。

小扁豆籽粒是精饲料，提取淀粉后的残渣仍含 40% 的蛋白质。小扁豆鲜茎叶柔嫩，适口性好，干草营养也较好，都是牲畜的优良饲料。荚壳也可饲用。

小扁豆新鲜茎叶柔软易腐烂，含氮约 6.7%，是优良的绿肥。小扁豆是禾谷类作物的良好前茬。

第三节　食用方法

小扁豆的加工食用可以追溯到 9 000~13 000 年以前（Joshi et al., 2017），古代伊朗人就曾把小扁豆作为主食，以炖汤的方式食用，现在小扁豆咖喱仍是印度次大陆日常饮食的一部分。小扁豆主要以全谷物的天然食品或添加的方式食用，常见的加工方式有浸泡、发芽、蒸煮、面食、煎炸和焙烤等。欧美国家常用以制罐头食品、营养汤、薯片或小吃等，产品较多（Usda, 2018）。中国小扁豆加工大多处在初级阶段，多为小作坊生产，不多的加工企业其规模和加工能力十分有限，加工品种主要是磨粉或生豆芽。小扁豆的豆芽营养价值较高，可作蔬菜食用。加工的产品档次低，形不成供销一条龙的开发格局，严重制约产业的深入发展和附加值的提升，也严重影响着群众的种植效益和积极性。

一、清洗和浸泡

小扁豆作为原料，加工过程是多层次的，包括初级的清洗、分级，进一步的去皮、分切、分拣、抛光以及后期的精深加工等（Vandenberg, 2009）。清洗和浸泡虽然去除了小扁豆中的杂质，但不可避免地造成了水溶性营养物质的损失。Prodanov 将扁豆分别浸泡在柠檬酸溶液、去离子水和碳酸氢钠溶液中，发现维生素 B_1 损失了 5%~10%，有效烟酸损失了 26%~42%，但核黄素增加了 98%，碱性浸泡液中更甚（Prodanov et al., 2004）。与大豆、豌豆等常见豆类不同，小扁豆在浸泡过程中生育酚和其他生物活性植物化学素明显损失，牛磺酸有 50% 浸出（Pasantes et al., 1991），灰分有 5.2% 损失。但是浸泡的优势也很明显，随着浸泡时间的增加，种子吸水重量增加，色泽改善，含氮物质（TN、TNPN、PN 和 TNPN）略有下降，FAAN 显著减少，可溶性含氮组分的浸出使蛋白结构简单，大大提高了氮溶解性和蛋白消化率。另外，蒸煮前的浸泡可以有效缩短烹饪时间和软化组织结构，有助于淀粉糊化和蛋白质变性等加工特性的改善，增加浸泡的时间可以去除小扁豆中的单宁、血凝素、胰蛋白酶抑制剂和戊聚糖等抗营养因子。

二、干热加工

烘烤也是小扁豆常见的加工方式之一，其优势在于降低水分含量的同时可以提高产品的品质，但烘烤褐变的过程中也会造成小扁豆营养成分的损失，Urbanoe 等（1995）发现烘烤导致小扁豆淀粉含量和胰蛋白酶抑制剂的活性下降。微波加热不需要任何媒介，属于干热加工的一种，同样可以破坏小扁豆中的抗营养因子，微波烹饪出的小扁豆体外蛋白消化率为 75.2%，除硫胺素外，微波条件对小扁豆营养物质的影响和加压蒸煮相似，硫胺素在微波加热过程中损失较大（Naveeda and Jamuna, 2006）。另外，可以利用挤压膨化技术加工小扁豆全粉，物料在短时间内经过高温、高压和强剪切力，蛋白质变性，淀粉糊化，游离脂肪含量降低，可溶性膳食纤维增加，胰蛋白酶抑制因子钝化，风味物质和维生素得到保存（郑志等，2012）。李素芬等（2015）以挤压物理改性小扁豆全粉代替部分小麦粉为原料开发营养蛋糕，确定了改性小扁豆全粉营养蛋糕制作的最佳配方。

三、萌发

小扁豆种子在贮藏过程中容易萌发，伴随着营养成分的变化。萌发过程中光照促进烟酸的生成，漂洗次数对硫胺素的含量无显著影响，而核黄素、烟酸和维生素 C 的含量有所增加（Prodanov et al., 1997）。种子萌发一段时间后，水分含量增加而干基蛋白质量降低，总淀粉含量、α-半乳糖苷、胰蛋白酶抑制剂活性、血细胞凝集素和淀粉酶抑制剂活性均有所降低（Urbano et al., 1995）。

萌发过程中所有酚类物质大幅度降低的原因可能是豆类的内源酶在萌发期间被激活，与酚类最直接相关的水解酶和多酚氧化酶，其活性在萌发期间均明显增加，导致小扁豆化学成分变化（Rao et al., 2010）。Sravanthi 探究了不同贮藏条件对扁豆的营养性质影响，30℃贮存 6 周后的高水分条件下的红小扁豆（15% 和 17.5%）的游离脂肪酸值从初始值 7.5mg KOH/100g 增加到 18.5 mg KOH/100g 和 19.4mg KOH/100g。40℃贮藏于 12.5% 水分条件的红小扁豆，到萌发 10 周结束时，游离脂肪酸值增加了 3 倍。其得出的结论为未干燥的小扁豆可在 30℃、小于 17.5% 水分条件下保存 5~10 周（Sravanthi et al., 2013）。

四、烹调

蒸、煮是小扁豆常用的烹调方法，蒸煮处理后小扁豆中类胡萝卜素和生育酚的含量明显增加，总酚含量有所下降。Xu 等（2008）研究了浸泡、蒸和煮过程对包括小扁豆在内的几种豆类中总酚含量（TPC）、自由基清除活性（DPPH）和氧化自由基吸收能力（ORAC）的影响，相对于原料，各处理后豆类中总酚含量和自由基清除活性均显著降低，小扁豆的加压煮制比常压煮制中总酚含量下降更为明显，热处理对小扁豆的总酚和抗氧化活性损失见表 6-7。

表 6-7　热处理引起的小扁豆中总酚含量和抗氧化活性的损失（Xu et al.，2008）

（单位：%）

处理条件		TPC 损失		DPPH 损失		ORAC 损失	
		水中损失	热降解	水中损失	热降解	水中损失	热降解
煮制小扁豆	RB,30min	18.8	32.4	15.4	-13.3	8.8	41.8
	RB,45min	12.7	32.2	7.4	-6.6	8.7	36.6
	RB,60min	12.7	33.3	7.2	-5.4	8.5	30.7
	PB,5psi,5min	24.4	40.2	17.5	6.2	28.2	-44.9
	PB,15psi,5min	17.9	46.5	15.7	4.3	29.9	-40.2
蒸煮小扁豆	RS,15min	1.4	46.1	0	5.8	0	-45.3
	RP,5psi,15min	1.4	50.3	0	16.4	0	-54.7
	RP,15psi,15min	1.4	55.3	0	19.3	0	-66.2

由于小扁豆中生育酚含量丰富，其作为强效的过氧自由基清除剂，能够终止脂质过氧化的链式反应（Traber et al., 2007），使得蒸煮对小扁豆单不饱和脂肪酸和多不饱和脂肪酸的组成无显著性影响。蒸煮过程对小扁豆中植物化学素含量的影响见表 6–8。

表 6–8 蒸煮对小扁豆中植物化学素含量的影响
（Traber and Atkinson，2007）

成分	未处理	蒸煮
总类胡萝卜素指数（TCI）B	6.88~12.77	11.03~16.33
总类胡萝卜素含量（TCC）C	7.24~16.28	14.71~24.50
γ-生育酚	45.68~65.19	55.60~83.04
总生育酚	46.80~66.67	58.83~85.26
饱和脂肪酸（%）	15.63~19.08	17.83~20.44
油酸（%）	15.36~29.24	15.99~30.51
亚油酸（%）	41.82~49.30	40.73~48.65
亚麻酸（%）	10.12~14.00	9.10~12.61
总酚含量（mg GAE/g DW）	4.55~7.98	3.94~7.13
总黄酮含量（mg CAE/g DW）	0.86~1.75	0.89~1.74
缩合单宁含量（mg CAE/g DW）	2.55~6.26	1.86~5.52

张兵（2014）研究了烹煮对小扁豆脂溶性植物化学物、可溶性酚类和不溶性酚类组成、含量、抗氧化活性以及生物利用率变化，烹煮过程增加了类胡萝卜素、生育酚和黄酮醇类化合物（山柰酚糖苷等）的含量，而导致黄烷醇类化合物（儿茶素和缩合单宁等）的含量减少。而且烹煮后小扁豆可溶性酚类提取物具有明显的抗炎活性。

不同的蒸煮方式对小扁豆中蛋白和氨基酸的影响较大，与常压蒸煮相比，加压蒸煮能够提高温度，缩短加热时间，使蛋白有更多的保留和相对较高的体外蛋白质消化率（81%），而且色氨酸的损失率由常压蒸煮的32.9%降低到23.5%，尽管蒸煮过程造成了营养物质的损失，但也显著降低了不利的抗营养因子。常压蒸煮过程中，胰蛋白酶抑制剂活性降低95%，单宁酸降低29%，植酸减少37%；加压蒸煮过程则使胰蛋白酶抑制剂活性降低93%，单宁酸降低36%，植酸减少42%（Hefnawy et al., 2011）。烹调过程中豆类种子植酸含量的明显下降，可能是由于烹饪介质浸入或热而降解，同时植酸盐可与其他组分如蛋白质和矿物质之间形成不溶性复合物，最终导致其含量在烹调过程中降低（Siddhuraju et al., 2001）。

小扁豆面的制作是将小扁豆面与白面、莜面或荞面按一定的比例混合在一起，加水揉成面团，可制成面条、雀舌面、拔鱼儿、饸饹面等，下锅煮熟以后，浇上不同风味的汤汁，即可食用；搅团、散饭的制作方法是取适量小扁豆面与白面、荞面或白面、莜麦面按1：3比例拌匀，将面均匀撒入开水锅中，用筷子不停搅拌，防止结团夹生，搅到黏稠状，盛入豌中，用勺子压扁，加上浆水、咸菜、韭花等其他配料即可食用；小扁豆酸面团馒头的制作方法是将扁豆面与白面按一定比例混合在一起，加适量温水搅成稠糊状，放入盆中，盖上盖子，闷1~2h，然后将提前准备好的酵母倒入其中搅匀，用手拍平表面，继续盖盖焐热，等面发起后制作馒头，经过发酵的扁豆酸面团馒头更有助于人体吸收。

本章参考文献

陈喜明，高克昌，韩云丽，等，2011. 小扁豆新品种晋扁豆1号的选育及栽培技术[J]. 农业科技通讯（5）：143–144.

程须珍，2016. 饭豆、小扁豆等生产技术[M]. 北京：北京教育出版社.

高向阳，吴云静，王莹莹，等，2013. 共振散射光猝灭法测定小扁豆和贼小豆中微量硒 [J]. 食品科学，34（16）：261–264.

黄元新，鲁力，2008. 赖氨酸对机体健康促进作用的研究进展 [J]. 广西医学（7）：1 031–1 033.

寇思荣，王思慧，金维汉，1992. 小扁豆杂交技术初探 [J]. 甘肃农业科技（11）：9.

李素芬，刘建福，2015. 挤压改性小扁豆全粉营养蛋糕的研制 [J]. 食品工业，36（1）：121–124.

连荣芳，2010. 旱地扁豆新品系 ILL6980 引育报告 [J]. 甘肃农业科技（1）：13–14.

梁喜龙，梁鹏飞，梅宏瑶，等，2017. 杂豆的分类、起源、种质保存、国内分布及特殊功能 [J]. 北方农业学报，45（3）：36–39.

林汝法，柴岩，廖琴，等，2002. 中国小杂粮 [M]. 北京：中国农业科学技术出版社 .

龙静宜，林黎奋，侯修身，等，1989. 食用豆类作物 [M]. 北京：科学出版社 .

聂刚，杜双奎，任美娟，等，2013. 常见杂豆的蛋白质与矿物质评价 [J]. 西北农业学报，22（12）：31–35.

潘启元，1992. 世界扁豆研究现状 [J]. 宁夏农学院学报（1）：76–81.

叶静渊，1995.《马首农言》中的“扁豆”考辨 [J]. 中国农史（1）：112–113，118.

张菊花，宁刚，2017. 固扁 1 号小扁豆选育报告 [J]. 种子世界（1）：40–41.

张耘，刘占和，王斌，2007. 榆林小杂粮 [M]. 北京：中国农业科学技术出版社 .

赵文华，翟凤英，张丁，等，2001. 强化赖氨酸面粉对人群营养及免疫功能的影响 [J]. 中国食物与营养（3）：11，17.

郑志，王丽娟，杨雪飞，等，2012. 膨化营养杂粮粉的挤压制备工艺研究 [J]. 食品科学，33（18）：118–122.

郑卓杰，1997. 中国食用豆类学 [M]. 北京：中国农业出版社 .

宗绪晓，关建平，2008. 食用豆类资源创新品种选育进展及发展策略 [J]. 中国农业信息（9）：35–38.

Jiang X L, Guan X Z, Ru Z G, et al., 2012. Analisis of lysine concentration in grains of Chinese wheat micro-core collections[J].Journal of the Chinese Cereals and Oils Association, 27(11): 1–4.

Johnson C R, Combs G F, Thavarajah P. L, 2013. A prebiotic -rich whole food legume [J]. Food Research International, 51(1): 107–113.

Ni Y M, Yan C H, Zhang J, 1997.Microelement for Nutrition Health[M]. Shanghai: Tongji University Press.

Traber M G, Atkinson J, 2007. Vitamin E antioxidant and nothing more[J]. Free Radical Biology and Medicine, 43(1): 4–15.

Xu B,Chang S K C, 2008. Effect of soaking boiling and steaming on total phenolic contentand antioxidant activites of cool season food legumes[J]. Food Chemistry, 110(1): 1–13.

Zhang Y, Wang D S, Zhang Y, et al., 2007.Variation of major mineral elements concentration and their relation ships in grain of Chinese wheat[J]. Scientia Agricultura Sinica, 40(9): 1 871–1 876.

第七章　种质资源研究与遗传育种

第一节　种质资源研究

一、小扁豆种质资源及保存

基于种间杂交亲和性和分子遗传多样性研究，将小扁豆种质资源分为三大基因库，初级基因库包括栽培种 *Lens culinarishe* 和两个野生种 *Lens orientalis, Lens tomentosu*；次级基因库包括野生种 *Lens odemensis* 和 *Lens lamottei*；三级基因库包括野生种 *Lens ervoides* 和 *Lens nigricans*（图 7–1）。

小扁豆种质资源保存有原生境保存（In–Situ Conservation）和种质资源库保存（Ex–Situ Conservaion）。小扁豆原生境种质保存首先由土耳其提出，并列入其国家豆类种质资源保存研究计划。小扁豆种质库保存，据联合国全球农作物多样化信托基金（GCDT）2017 年统计，国际干旱地区农业研究中心（ICARDA）保存有 13 907 份小扁豆种质资源，其中，80% 多是来自 70 个国家的地方栽培种，来自 23 个国家的野生资源有 603 份，ICARDA 选育的品种（系）有 1 400 余份。同时，ICARDA 还在印度国家植物遗传资源局（NBPGR）安全备份种质资源 7 712 份。在资源的数据化管理方面，印度农业研究理事会开发出 PGRdup 软件包，便于种质资源的检索、查重和共享。

世界各地有丰富的扁豆遗传资源，除 ICARDA 外，还有 40 个

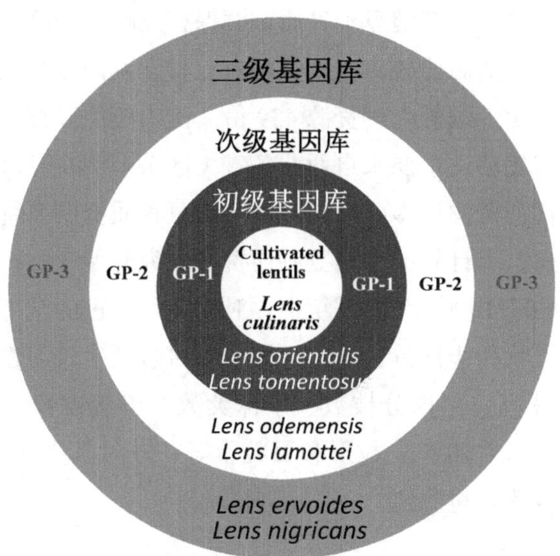

图 7–1　小扁豆属的基因库（Wang et al., 2015）

国家保存扁豆种质资源 32 392 份。其中，澳大利亚 5 254 份、伊朗 3 000 份、美国 2 875 份、俄罗斯 2 556 份、印度 2 285 份、智利 1 345 份、加拿大 1 139 份、土耳其 1 095 份、叙利亚 1 072 份、匈牙利 1 061 份、埃及 875 份、中国 855 份，其他国家 8 980 份。世界各国都对自己保存的小扁豆资源从抗性、农艺性状、生产利用等方面进行了系统的鉴定和评价，并筛选出一批优异资源和生产中可直接利用的品种。特别是从不同的野生种中鉴定出耐旱、抗冻、耐热、抗枯萎病、耐根腐病、抗白粉病、抗炭疽病及具有优良品质性状和产量性状等一批优异种质资源。这些优异资源的利用加快了小扁豆种质改良和新品种选育。美国从形态特征、地理分布、基因与基因型等方面研究，构建了 1 000 余份的核心种质。为进一步促进豆类种质资源的评价和利用，加强国际豆类种质资源协作网的建设，2007 年 2 月，在联合国全球农作物多样化信托基金的支持下，世界冷季食用豆（鹰嘴豆、小扁豆、蚕豆、草豌豆）种质资源保存战略合作联盟成立。

中国小扁豆资源比较丰富，中国农业科学院国家种质库保存的小扁豆资源 416 份，国外引进资源 439 份。国内资源以红色、小粒、地方品种资源占优势，主要来自西北各省（区），其中，以山西、甘肃、新疆和内蒙古的资源最多。中国开展小扁豆种质资源系统评价和利用研究相对较少，有计划的小扁豆种质资源研究开始于 20 世纪 80 年代初期。在 1980—1990 年的 10 年中，对搜集和引进的全部小扁豆资源进行了农艺性状初步评价。鉴定评价的项目包括生长习性、全生育日数、花色、株高、单株分枝数、单株荚数、单荚粒数、单株籽粒产量、荚色、荚长、粒色、粒形和百粒重等，并对其中 28 份资源进行了蛋白质和淀粉含量测定。

二、小扁豆种质资源遗传多样性研究

国外曾有学者研究过小扁豆种质资源多样性。Erskine 等（1991）对来自智利、希腊和土耳其共 150 份小扁豆种质的 3 个形态性状、17 个同工酶位点和 1 个淀粉酶同工酶的疑似位点进行了质量性状遗传变异的研究；Tullu 等（2001）从生态类型、形态性状角度，对 287 份来自不同国家和地区的小扁豆种质核心样品进行了分析和评价；Gupta 等（2006）对来自印度西北丘陵地区的 70 份不同种和亚种（*L. culinaris* subsp. *orientalis*, *L. odomensis*, *L. ervoides*, *L. nigricans*）的野生小扁豆资源，以 3 份栽培小扁豆资源（Precoz、PL-406 和 PL-639）为对照，进行了生态特性、形态性状、3 种真菌性病害（枯萎病、白粉病和锈病）的抗性以及干旱胁迫的评价鉴定。

中国农业科学院作物科学研究所采用形态标记方法，对国家种质库保存的 57.6% 的小扁豆种质资源进行了遗传多样性分析，结果表明所考查的 14 个形态性状在国内、国外群体中存在很大差异，特别是百粒重、单株荚数、单荚粒数、单株产量和分枝数。研究发现，百粒重、单株荚数、单株产量性状的变异系数均大于其他数量性状，变异度高，但是遗传多样性水平却低于其他数量性状。原因可能是这3项性状通过10级分类，导致极端变异类型均衡化，分组后所占比例也缩小，况且极端变异类型的频率也低，因此遗传多样性水平不高。考查的4个质量性状中，除了粒形表现3种变异外，另外3个质量性状都表现出丰富的变异。同时，质量性状多样性指数水平与其变异丰富度相一致，变异类型多的其遗传多样性指数也高。国外群体平均遗传多样性水平略高于国内群体，ICARDA的小扁豆种质资源遗传多样性指数最大，其次是中国山西的小扁豆种质。

小扁豆起源于近东地区。研究表明，来源于起源地ICARDA和西亚地区的资源遗传多样性水平普遍高于国外其他地区和中国的资源，验证了小扁豆起源地的资源具有高的遗传多样性。中国的小扁豆从印度传入，在中国经过不断栽培、演化，来源于山西、内蒙古、甘肃、宁夏、新疆等省（区）的小扁豆种质资源变异类型趋于多样化，其遗传均匀度（遗传多样性指数）也高，表现出遗传多样性水平远高于中国小扁豆的祖先来源地南亚地区（主要指巴基斯坦、印度的资源），可能缘于：第一，中国丰富多彩的种植环境所造成的自然选择压力；第二，相对国内资源，选取的印度资源较少，未能更好地表现出该地区的遗传多样性。为此，在小扁豆资源研究方面，应加强对国外小扁豆种质资源的研究利用，重点对中国山西、内蒙古和甘肃等省（区）的资源给予进一步收集、保护、研究和利用，以不断丰富中国小扁豆种质资源的遗传多样性。

刘金（2008）采用Structure群体结构分析，从遗传关系上将481份参试小扁豆资源划分为6大组群，各个组群表现出独特的变化规律，各具特色，各有优势。组群内各形态性状的变异类型具有不同的分布状态。基于形态标记而通过遗传关系划分的6个组群与资源的地理来源没有明显的相关性，地理来源所包含的资源多，则被划分到不同组群的比例相应的就高。可能的原因是一些地理来源，如来源于日本、欧洲、美洲的份数较少，平均划分到每个组群中最多只有 1 份；另外一个原因是国外资源依照洲际划分，地理跨度过于宽泛，可能会导致所划分的组群与地理来源的关系不能表现出来。

第二节　分子生物学研究

小扁豆属二倍体（$2n=2x=14$）自花授粉作物，基因组 4063 Mbp/C。由于其基因组较大，遗传变异程度低，遗传作图和 QTL 定位等基因组学研究与水稻、小麦、玉米等大宗作物相比较为落后。

但随着分子生物技术发展以及各种统计软件和分子标记作图软件的出现，其分子遗传图谱构建和 QTL 的定位等研究在近十多年取得了较快的发展。小扁豆遗传标记由形态学标记、细胞学标记、蛋白质标记发展到现在的 DNA 分子标记。目前，应用于小扁豆遗传图谱构建的分子标记有 8 种（RAPD、AFLP、SSR、CAPS、SRAP、RGA、ISSR、SNP），可供利用的标记有 56 562 个，可供利用的 QTLs 有 150 个，表达序列标签 10 341 个，可供利用的性状标记有 25 个，构建的遗传图谱有 28 张（表 7-1）。随着高通量基因芯片和测序技术的发展，萨斯喀彻温大学、加利福尼亚大学、华盛顿大学和 ICARDA 等单位合作即将完成小扁豆全基因组测序。

小扁豆作图群体有 F_2 家系和重组自交系（Recombinant Inbred Line，RIL）。构建的 28 张遗传图谱，F_2 群体构建的有 5 张，其余 23 张均为 RIL。基于 DNA 分子标记的小扁豆连锁图谱于 1989 年运用 RFLP 标记建立。第一张公认的小扁豆遗传图谱发表于 1998 年，就是利用栽培种（ILL5588）和野生种（*L. culinaris* ssp. *orientalis*，L692-16-1）种间杂交获得的 86 个 RIL 群体构建的，图谱包括 7 个连锁群，共有 174 个 DNA 分子标记（89 RAPD、79 AFLP、6 RFLP）

和 3 个形态学标记的，覆盖基因组 1 073cM，相邻标记的平均遗传距离为 6cM。选用对 Ascochyta blight 不同抗性的小扁豆栽培种 ILL5588 和 ILL7537 杂交获得的 F_2 群体，构建了小扁豆种内杂交连锁图谱，将 114 个分子标记（100 RAPD，11 ISSR，3 RGA）定位在连锁图上，图谱长度为 784.1cM。通过抗枯萎病品种 ILL 5588 和感病野生种 L 692-16-1（s）杂交获得的 RIL，基于 SSR 和 AFLP 构建了包括 14 条连锁群，283 个分子标记，平均遗传距离 2.6cM，覆盖基因组 750.5cM 的遗传图谱。利用这一图谱将控制枯萎病（*Fusarium oxysporum*）抗性基因（*Fw*）定位在第 6 号连锁群上，距 SSR59-2B8 微卫星标记 8cM，距 p17m30710 AFLP 标记 3.5cM。为进一步完善遗传图谱，开发更多的分子标记，研究者们继续应用各种标记（ISSR、SRAP、AFLP、RFLP、SNP）对小扁豆遗传连锁图谱不断加以补充和完善。基于 SNP 分子标记，通过不同杂交组合衍生的 RFL 群体，整合构建了覆盖 7 个连锁群，包括 689 个基因座位，平均标记距离 3.5cM，图谱长度 2 429.61cM 的高密度小扁豆分子连锁图；基于 SNP 和 SSR 分子标记，构建了平均图距 2.3cM，包括 1 780 个 SNP，4 个 SSR 标记，图谱长度 4 060.6cM 的遗传图谱。以 ILL 8 006 × CDC Milestone 杂交衍生的 118 个 RIL 群体，构建了包括 4 177 个 SNP 分子标记，覆盖基因组 497.1cM 的高密度遗传图谱。以 CDC Redberry × ILL7502 杂交衍生的 120 个 RIL 群体，通过锰微量元素含量的分析，构建了平均图距 0.18cM，图谱长 973.1cM，包含 5 385 个 SNP 标记的连锁图谱。基于 534 个 SNP、7 个 SSR 和 4 个形态学标记，以 CDC Robin × 946a-46 衍生的 127 个 RIL 群体构建了长度 697cM 的连锁图谱（Subedi et al., 2018）。SNP 标记是用于 QTL 定位、关联分析、标记辅助选择、构建精细定位的遗传连锁图谱及重要农业性状基因克隆的理想标记。

表 7-1　小扁豆遗传图谱构建概要（Rana et al., 2019）

序号	作图群体	亲本 / 种间杂交	群体大小	座位数	标记平均距离	标记类型	图谱长度	参考文献
1	RIL	*Lens culinaris* ssp. *culinaris* × *L. c.* ssp. *orientalis*	14~80	20		Isozyme and 4 morphological markers	—	Tahirand Muehlbauer（1994）
2	F2	*L. culinaris* ssp. *culinaris* × *L. c.* ssp. *orientalis*	—	10		Isozymes	—	Zamir and Ladizinsky（1984）
3	F3	*L. culinaris* × *L. ervoides* and *L. culinaris* × *L. ervoides*	107; 22~56	18		Isozymes	258	Tadmor（1987）
4	F2	*Lens culinaris* × *L. orientalis*	66	34		20 RFLP, 8 isozyme,6 morphological	333	Havey（1989）
5	RIL	*L. c.* ssp. *orientalis* × *L. culinaris* ssp. *culinaris*	86	177	6.06	RAPD, AFLP, RFLP, and morphological markers	1073	Eujayl（1998a）
6	F2	*L. culinaris* ssp. *culinaris* × *L. c.* ssp. *orientalis*	113	200	15.87	71 RAPDs, 39 ISSRs, 83 AFLPs, two SSRs and five morphological loci	2 172.4	Duran（2004）
7	RIL	ILL5588 × L692-16-1（s）	86	283	2.65	39 SSR, 50 AFLP 41 SSR，45 AFLP	751	Hamwieh（2005）
8	F2	ILL5588 × ILL7537	150	114	6.87	100 RAPD, 11 ISSR and three RGA	784	Rubeena（2003）
9	F2			72	5.72	38 RAPD,30 AFLP, 3 ISSR, 1 morphological markers	412.5	Rubeena（2006）
10	RIL（F5）	ILL5722 × ILL5588			9.5	18 SSR, 79 cross genera ITAP gene-based markers	928.4	Phan（2007）

（续表）

序号	作图群体	亲本 / 种间杂交	群体大小	座位数	标记平均距离	标记类型	图谱长度	参考文献
11	RIL	Eston × PI 3209379	94	207	9.02	AFLP, RAPD, and SSR	1 868	Tullu（2006, 2008）
12	RIL	Precoz × WA 8649041	94	166	8.4	AFLP, ISSR, RAPD, and morphological markers	1 396	Tanyolac（2010）
13	RIL	ILL 6002 × ILL5888	206	139		SSR, RAPD, SRAP, and morphological markers	1 565	Saha（2010a, 2013）
14	RIL	WA8649090 × Precoz	106	130	9.17	RAPD, ISSR, and AFLP	1 192	Kahraman（2004, 2010）
15	RIL	ILL5722 × ILL5588	94	211		RAPD, ISSR, ITAP, and SSR	1 392	Gupta（2012a）
16	F2	L830 × ILWL77	114	199		28 SSR, 9 ISSR, 162 RAPDS	3 847	Gupta（2012b）
17	RIL	CDC Robin × 964a-46	139	561		SNP, SSR, and seed color genes	697	Fedoruk（2013），Sharpe（2013）
18	RIL	Cassab × ILL2024	126	318		SSR and SNP	1 178	Kaur（2014）
19	RIL	PI 320937 × Eston	96	194		AFLP, SSR, and SNP	840	Sever（2014）

（续表）

序号	作图群体	亲本 / 种间杂交	群体大小	座位数	标记平均距离	标记类型	图谱长度	参考文献
20	RIL	Precoz × WA 8649041	101	519		SNP	540	Temel（2014）
21		ILL 8006 × CDC Milestone	-	149		AFLP, SSR, and SNP	497	Aldemir（2014）
22	RIL	Precoz × L830	126	219		SSR	1 184	Verma（2015）
23	RIL	Indianhead × Northfield; Indianhead × Digger; Northfield × Digger;	117 112 114	689		SNP	2 429.6	Sudheesh（2016）
24	RIL	PI 320937 × Eston	96	1 784		4 SSR, 1780 SNP	4 060.6	Ates 2016
	RIL	ILL6002 × ILL5888	132	561		220 SNP、23 SSR、108 SRAP、108 AFLP、30 RAPD	2 022.8	Idrissi 2016
25	RIL（F9）	L01-827A（*L. ervoides*）× IG 72815（*L. ervoides*）	94	543		SNP	740.94	Bhadauria（2017）
26	RIL	ILL 8006 × CDC Milestone	118	4 177		SNP	497.1	Aldemir（2017）
27	RIL（F7）	CDC Robin × 946a-46	127			534 SNP, 7 SSR, and four morphological markers		Subedi（2018）
28	RIL	CDC Redberry × ILL7502	120	5 385		SNP	973.1	Ates（2018）

第三节　遗传育种

关于小扁豆主要性状遗传规律，现已确认了花序小花数、子叶颜色、株型、上胚轴颜色、花色、裂荚性、种皮颜色、荚色、荚毛及锈病、枯萎病、病毒病抗性等15对质量性状的遗传规律，并明晰了株高、开花时间、叶形、叶大小、叶数量、蛋白质含量、单宁含量、抗旱性、耐盐性及种子大小等数量性状的遗传规律，特别是与产量有关的单株荚数、荚粒数、百粒重等经济性状控制基因。同时，通过遗传分析和分子标记等生物技术手段，明确了其遗传效应和在遗传图谱上的位置，为小扁豆遗传改良奠定了基础。

一、主要质量性状的遗传

小扁豆质量性状的遗传方面，目前已有27对基因的遗传及其控制的性状得到了确认（表7-2）。

1. 子叶颜色

橘红色子叶由显性基因O控制，黄色子叶由隐性基因o控制。F_1代子叶橘红色，F_2代橘红色子叶与黄色子叶分离比为3∶1，同时，橘红色子叶对于黄色和绿色子叶呈完全的显性；黄色子叶对绿色子叶呈完全的显性。“纯合橘红子叶亲本 × 某些纯合绿色子叶亲本”，F_2代呈现“9橘红: 3黄: 4绿”的分离比率。表明还存在着一个隐性的基因，以i表示。

yc表示黄色子叶基因，Yc表示橘红色子叶基因，i对yc起抑制作用，i与yc同时存在时子叶呈绿色。I对yc或Yc均无抑制作用。因此，绿色子叶小扁豆的基因型为Yc ii。

表 7-2　小扁豆质量性状基因（杨晓明，2020）

序号	基因	性状 Character	性状	参考文献
1	Fn	Flower number/ inflorescence	每花序上小花数	Gill and Malhotra
2	Sn	Early flowering	早熟性	Sarker
3	Gh	Plant growth habit	植株生长习性	Ladizinsky
4	Gs	Epicotyl color	上胚轴颜色	Ladizinsky
5	I	Cotyledon color	子叶颜色	Slinkard
6	Yc	Cotyledon color	子叶颜色	Slinkard
7	O	Cotyledon color	子叶颜色	Singh Sinha
8	Y-B-	Cotyledon color	子叶颜色	Sharma and Emami
9	Ggc	Gray seed coat ground color	种皮色	Vandenberg and Slinkard
10	Tgc	Tan seed coat ground color	种皮色	Vandenberg and Slinkard
11	P	Flower color	花色	Lal and Srivastava
12	V	Flower color	花色	Lal and Srivastava; Wilson and Hudson
13	W	Flower color	花色	Wilson and Hudson
14	Pi	Pod indehiscence	裂荚性	Ladizinsky
15	Scp	Seed coat spotting	种皮斑点	Ladizinsky
16	Pep	Pubescent peduncle	花梗	Sarker
17	Pdl	peduncle length	花梗长度	Yogesh Kumar
18	Glp	Glabrous pod	无毛荚	Vandenberg and Slinkard
19	Grp	Green pod color	鲜荚色	Vandenberg and Slinkard
20	Tnl	Tendril-less leaf	无须叶	Vandenberg and Slinkard
21	Ten	Tendriled leaf	有须叶	Sharma and Sharma
22	Chl	Chlorina chloro-phyll mutant	白化苗突变体	Vandenberg and Slinkard
23	Glo	Globe mutant	矮秆突变体	Gupta
24	Sbv	Resistant to PSbMV	豌豆种传花叶病毒病抗性	Haddad

（续表）

序号	基因	性状 Character	性状	参考文献
25	Rr	Resistant to rust	锈病抗性	Sinha and Yadav; Singh and Singh
26	Urf1, Urf2, Urf3	Resistant to rust	锈病抗性	Kumar
27	Fw	Resistant to Fusarium wilt	枯萎病抗性	Eujayl
28	Frt	Radiation frost tolerance	抗冻性	Eujayl

2. 花色

有 3 对基因对小扁豆花色起控制作用。

纯合紫色亲本 × 纯合粉红花亲本，F_2 代呈现 3 紫：1 白的分离比率，而当纯合粉红花亲本 × 纯合白花亲本时，F_2 代呈现 9 紫：3 白：3 粉红：1 玫瑰红的分离比率。以 V 代表紫花基因，并且只有当 P 基因存在时才起作用，当 P 与 V 同时存在时，花色粉红；vvpp 时花色呈玫瑰红。因此，基因型与表现型的关系为：V–P–（紫色），V–pp（白色），vvP–（粉红色），vvpp（玫瑰红）。而 Wilsoni 和 Hudson 将纯合紫色亲本 × 纯合白花亲本，在 F_2 代中却得到 9 紫色：6 中间色：1 白色的分离比率。而中间类型是由两种不易区分开来的表现型组成的，两个类型都是具有浅紫色旗瓣与白色的翼瓣和白色的龙骨瓣组成的，其中一个类型的花色比另一个深一些。以 V 代表紫色基因，W 代表白色基因。于是，由这两个基因控制的基因型与表现型呈如下的关系 V–W–（紫色），V–ww（中间类型），vvW–（中间类型），而 vvww（白色）。

3. 对小扁豆种传花叶病毒抗性的遗传

以 Sbv 代表感病基因，以 sbv 代表抗病基因。F_2 代感病与免疫分离比为 3 ： 1。

4. 每花序上小花数的遗传

以 Fn 代表每花序上着生两朵小花的基因，fn 代表每花序上着生三朵小花的基因。F_2 代分离比为 3∶1。

5. 种皮颜色的遗传

纯合的麻粒品种与纯合的种皮无斑点的品种杂交，F_2 代麻粒植株与非麻粒植株的分离比率为 3∶1。以 Scp 代表麻粒基因，scp 代表非麻粒基因。基因型与表现型呈如下的关系：Scp-（麻粒）、sepscp（非麻粒）。

6. 上胚轴颜色的遗传

以 Gs 代表上胚轴是紫色的基因，gs 代表上胚轴是绿色的基因。基因型与表现型间呈如下的关系：Gs-（上胚轴呈紫色），gsgs（上胚轴是绿色）。

7. 株型的遗传

由 1 对基因控制，Gh 代表直立株型基因，gh 代表披散株型的基因。Gh 对于 gh 是不完全显性。基因型与表现型的关系如下：GhGh（直立），Ghgh（中间类型），ghgh（披散）。

8. 裂荚性的遗传

由一对基因控制。Pi 代表成熟时裂荚基因，pi 代表成熟时不裂荚的基因。基因型与表现之型间存在如下关系：Pi-（裂荚），pipi（不裂荚）。

以上基因与小扁豆染色体间的连锁关系尚未确定，有待进一步研究。

二、小扁豆主要数量性状的遗传与相关性

与在其他大多数自花授粉作物中的情形一样，数量性状对于小扁豆育种至为重要。Singh 和 Jain（1971）观察了小扁豆单株分枝、单株荚数和籽粒产量等 F_1 代的杂种优势情况，指出在上述数量性状中

无加性遗传方差。

Goyal 等（1976）对 7 个小扁豆品种双列杂交组合的籽粒产量、单株一次分枝数、单荚粒数和籽粒大小的一般和特殊配合力进行了测定。对于单株荚数和单株二次分枝数，其一般和特殊配合力同等重要。但未发现株高的杂种优势。

Haddad（1979）的研究表明，对于出苗到开花的天数、全生育期、最低荚位高度和株型，加性遗传是这些数量性状基因的主要遗传表达方式。

三、小扁豆育种

1. 育种目标

与大宗作物相比，小扁豆育种起步较晚。目前，在世界上所有的主要小扁豆种植区都有明确的育种项目。在大多数小扁豆育种项目中，产量及其稳定性是至关重要的目标。对环境胁迫的适应性，对不同栽培地区的适应性，以及对病虫害的抗性也受到应有的重视。

对小扁豆的育种目标可概括为如下方面。

（1）高而稳定的籽粒产量以及高的生物学产量　对育成品种的具体要求是：有能遗传的高产潜力，对环境胁迫有耐性或抗性，对主要病、虫、草害（包括列当等恶性杂草）有抗性。

（2）有广泛的适应性和稳产性　对不同的光温条件不敏感。

（3）适合于机械化收获　对育成品种的具体要求是具有直立生长习性，抗倒伏和不裂荚，初荚节位有足够高度以便于机械收获。

（4）品质优良　对育成品种的具体要求是籽粒适口性较好；籽粒外观好，符合消费者习惯，商品价值高；籽粒蛋白质含量较高，营养价值好。在具体育种项目中，育种目标往往综合考虑上述几个方面，但有所侧重，因各国和不同地区的实际情况而异。

2. 品种选育的主要方法和成果

（1）引种　小扁豆引种主要是基于从外地引进小扁豆材料，再从中筛选出适合在某一地区种植的品种。

（2）选择育种　小扁豆选择育种分为群体选择和单株选择两种方法。这两种方法是利用已存在的有效变异而起作用，但存在很大的局限性，因为小扁豆是严格的自花授粉作物。

（3）杂交育种　杂交育种一直是现代小扁豆育种中所采用的最主要的方法。常用的有单交、回交和复交等方法。对于分离后代群体的选择和处理方法是系谱选择、集团选择和单株系选，也有在同一育种过程中将几种方法综合应用的。有些小扁豆育种单位正在尝试化学诱变和辐射诱变育种方法。此外，还应积极进行远缘杂交育种，以拓宽小扁豆的遗传背景，并从中得到抗逆性强和对某些病害免疫的遗传材料。

过去，小扁豆选育在很大程度上是基于从外地引进小扁豆材料，再从中筛选出适合在特定地区种植的品种。因此，农民田里种植的多数栽培品种是从异质的群体中筛选，而不是通过杂交育成的。这种育种方法又分为群体选择和单株选择两种做法。如近来育成的品种Tekoa，是从美国引入的品种 PI 251784 中选育而成的；Laird 是从美国引入的品种 PI 343028 中选育出的纯系，已在加拿大推广利用等。但是，这种方法是利用已存在于这些群体中的有效的变异性而起作用的，开始就存在很大的局限性，因为小扁豆是严格自花授粉的作物。

杂交育种一直是现代小扁豆育种中所采用的最主要的方法。在杂交育种中，经常用到的有单交、回交和复交等方法。对于分离后代群体的筛选和处理也有几种常用的方法，即系谱选择、集团选择和单粒系选，也有同一育种过程中将几种方法综合应用的。有些小扁豆育种研究单位，例如国际旱地区农业研究中心正在尝试化学诱变和辐射诱变方法对于小扁豆育种的效果。国际干旱地区农业研究中心的有关单位，还在进行种间远缘杂交，以求拓宽小扁豆的遗传背景，并从中得到抗逆性强和对某些病害免疫的遗传材料。

通过杂交育种方法，国际旱地区农业研究中心十几年来已育成并推广应用的小扁豆品种有几十个，如在阿尔及利亚推广的 FLIP86-20L，在突尼斯推广的 FLIP84-103L，在澳大利亚推广的 FLIP84-80L 和在中国有一定面积的 FLIP87-53L 等 FILP 系列品种。美国育成的品种 Tecka，Large Blond；印度育成的品种 Pusa-1，Pusa-4，T-6，WB-81；埃及育成的品种 Giza9 等，都是在产量和熟性方面较好的品种。

小扁豆是古老的作物之一，但其遗传改良研究相对较晚。20 世纪 80 年代，国际干旱地区农业研究中心（ICARDA）和一些主产国开始了对小扁豆的遗传改良，育种目标是针对不同农业生态区对小扁豆品种的具体需求。例如，印度、巴基斯坦、埃塞俄比亚等国以早熟、高产、抗根腐病、抗锈病和抗褐斑病为主要育种目标；在年降水量不到 300mm 的地中海地区，以抗旱、抗锈病、抗枯萎病、耐根瘤菌、耐除草剂、适宜机械化收获为主要育种目标；籽粒商品性和营养品质也是美国、加拿大、澳大利亚等发达国家主要的育种目标。早期的品种改良主要以提纯复壮地方品种和杂交系统选育为主；目前则以常规杂交育种和分子辅助选择为主，选育一个品种常需要 7~10 年的时间。为加快小扁豆品种改良，国际干旱地区农业研究中心在黎巴嫩、摩洛哥等国建立了小扁豆育种圃；并和主产国建立了品种改良协作网，联合有关育种单位开展优异品种的评价和利用。

近几年，随着分子标记的开发和应用，分子标记辅助选择应用于小扁豆育种。至 2016 年，来自 ICARDA 保存的种质资源或育种材料，由 34 个国家育成的小扁豆品种有 137 个。其中，孟加拉国、印度、中国等亚洲国家 72 个，埃塞俄比亚、埃及等非洲国家 39 个，加拿大、美国、阿根廷等美洲国家 7 个。典型代表品种有：孟加拉国的抗枯萎病 BARI M4-7 系列品种，尼泊尔的中熟品种 Shekhar，印度的早熟、抗锈、大粒品种 Precoz 及以其为骨干亲本选育而成的 VL Masoor 507、Narendra M1、Priya 和 Angoori 等大粒品种；美国选育出的小粒、抗枯萎病红扁豆品种 CDC Rosetown、CDC Rouleau、CDC Redberry 和 CDC Red Rider 及大粒绿扁豆品种 Pennell、Riveland 和 CDC Greenland。ICARDA 在适应机械化收获品种改良方面，联合叙利亚选育出 Idlib 1~4 号系列品种，联合土耳其选育出 Sayran 96。为解决中亚、西亚、北非高海拔地区小扁豆苗期低温冻害的问题，选育出适宜土耳其种植的 Kafkas、Uzbek、Cifci，适宜伊朗种植的 Gachsaran，适宜巴基斯坦种植的 Shiraz-96，适宜摩洛哥种植的 Bichette 和 Zaria。在耐除草剂小扁豆品种选育方面，加拿大和澳大利亚选育出耐咪唑啉酮除草剂新品种 CDC Maxim CL；加拿大推广的红扁豆品种还有 CDC Impact CL、CDC Maxim CL、CDC Imperial CL 和 CDC Impala CL。在抗寄生杂草方面，西班牙从野生种中鉴定出抗列当小扁豆种质 ILWL361 和 LENS166/92。通过 30 多年的品种改良和配套技术的研究，国际小扁豆产量显著提高，由 1981 年的 640kg/hm^2，到 2017 年提高到了 1 153kg/hm^2，但随着极端气候和病虫害日益加重，小扁豆生产仍然面临着严重的威胁。拓展遗传基础、开发分子标记、构建高密度遗传图谱、聚合更多优良性状、开展高效的分子辅助育种将成为今后小扁豆育种的主要方向。随着高通量基因分型和测序技术的发展及小扁豆全基因组测序的完成，必将进一步推动小扁豆育种研究。

3. 小扁豆杂交方法

（1）去雄　在开花前 1d，选择长度为花萼 2/3~3/4 的花蕾，若选择的花所在的花柄上有 2 个或 3 个花蕾，则只留 1 个，其余用摄子夹掉，以利于人工授粉后营养集中供应，提高坐果率，用拇指和食指捏着母本株的花蕾去雄。用镊子在花蕾顶部约 2/3 处夹住花蕾右旗瓣，然后沿花蕾背缘撕去旗瓣顶部，用同样的方法撕去右冀瓣顶部以露出龙骨瓣，利用摄子尖部小心撕去龙骨瓣顶端弯曲部，此时可露出雄蕊和柱头，小心将花药连同花丝一起去掉。关键是要准确无误保证柱头和花柱组织在去雄时不要损伤，此时柱头已做好授粉准备。

（2）花粉的采集及授粉　选择刚刚开放的花，其柱头上附着有新鲜干燥的花粉。撕去旗瓣、翼瓣和龙骨瓣，镊子夹住花柱用于母本授粉，把充满花粉的父本柱头轻轻擦抹在母本柱头上，当母本柱头上可见黄色花粉时即可。

（3）挂标签　将授过粉的花拴上标签，由于小扁豆花柄细弱，所以挂标签时要将标签同时挂在花柄和所在叶片上，否则，因风吹雨淋，花柄会受到来自标签的机械损伤，影响生殖器官正常发育。如授粉成功，4~5d 后花瓣从植株上脱落并长出一个小荚果。

（4）去雄时间　去雄最好在 9—11 时和 16—18 时进行，此时易找到大量的未授粉花蕾。从 1992 年杂交坐果率来看，上述杂交技术是可行的。这种杂交技术只需要很小的花瓣裂口，使花蕾内微环境、温、湿度不致骤然变化，也可避免损伤柱头，从而降低人工授粉后花蕾的败育。尽管 1992 年因杂交时间偏晚，坐果率只有 55.3%，但如果及时在盛花期进行杂交，坐果率将会有所提高（寇思荣等，1992）。

四、定西市农业科学研究院小扁豆品种选育概况

定西市农业科学研究院小扁豆引种筛选及新品种选育工作始于“七五”（1986—1990 年）甘肃省农业科学院“旱地豌扁豆新品种选育”的列项。在此期间，甘肃省科学技术厅（甘肃省科学技术委员会）对“小扁豆引种筛选及示范推广”进行了立项（1988—1991 年）；此项工作在“八五”（1991—1995 年）期间得到了延续，到“九五”（1996—2000 年）期间，项目名称变为“旱地小扁豆新品种选育”。

小扁豆是定西地区主要的食用豆类作物，据 1986 年统计资料，全区种植面积 47 万亩左右，约占粮田面积的 8%，是旱作农业中轮

作倒茬、用地养地相结合的作物，是小麦的良好前茬及家畜的优质饲料，同时在外贸出口中占有重要地位。但是，长期以来各地对小扁豆生产一直不够重视，使其产量的提高和生产的发展受到一定的影响。为了提高小扁豆产量，扩大外贸出品，增加农民收入，改善人民生活，开展小扁豆品种引进，研究外引品种、地方品种在当地的适应性、丰产性和稳产性，筛选适宜当地种植的高产、稳产、耐瘠、耐旱的优质品种，对发展旱作农业区小扁豆生产具有十分重要的意义。

1986—1987 年，定西地区粮油公司先后从英国宝文公司引进英国小扁豆（English Lentils）、英国红扁豆（English Red Lentils）、英国黑扁豆（English Black Lentils）、加拿大小扁豆（Canadian Lentils）、小绿扁豆（Small Green Lentils）、中绿扁豆（Medium Green Lentils）、大绿扁豆（Large Green Lentils）、深绿扁豆（Bold Green Lentils）、小红扁豆（Small Red Lentils）等 9 个小扁豆品种，经过引种观察、试验示范，从中筛选出了抗旱、抗病、籽粒大、产量高的中绿扁豆和英国扁豆，在生产中推广应用。同时，定西市农业科学研究院从中国农业科学院作物科学研究所、青海省农林科学院、新疆农业科学院及 ICARDA 等引进了一批当地生产用品种资源及高代材料，通过引种观察、筛选鉴定、区域试验、生产示范等，筛选出了定选 1 号、定选 2 号。

为解决小扁豆品种单一老化，产量低而不稳，品种缺乏，满足不了当地农业生产需要等问题，定西市农业科学研究院的科研人员在引种选育的同时，从 1988 年开始探索小扁豆的有性杂交技术。

1988—1990 年，用传统的豌豆杂交方法进行小扁豆的杂交，每年做 100 个以上的花蕾均未形成荚果。1991 年杂交时，通过改进方法，所做 20 个组合 600 朵花（每组合 30 朵花）形成 44 个荚果，杂交取得了初步进展，但杂交坐果率仅为 7.3%。1992 年，在分析导致人工授粉花蕾败育的原因后，对杂交方法又做了改进，所做 19 个组合 570 朵花形成 315 个荚果，其杂交成功率达到 55.3%。分析认为，不同组合的杂交坐果率存在差异的主要原因是杂交时间不同，一般杂交时间较早，选择植株中上部的花蕾所做的杂交坐果率高，而杂交时间较晚，利用植株顶部花蕾所做的杂交坐果率低。观察发现，杂交未形成荚果的花蕾大多为顶部花，这些花即使在自然授粉时大多也都败育。由于受经费限制，此项工作没再进行下去。2010 年，定西市农业科学研究院从国际干旱地区农业研究中心（ICARDA）引进一批小扁豆高代材料，开展了引种观察、适应性鉴定，农艺性状、抗性等的鉴定试验研究。2018 年，定西农业科学研究院食用豆项目组进入甘肃省特色作物产业技术体系。30 多年来，小扁豆新品种选育及示范推广工作一直在延续进行着。

第四节　主要品种

一、种植品种概述

中国种植的小扁豆多为农家（或地方）品种，育成品种不多。中国的农家品种，例如，山西宁武小扁豆，山西大同右玉小扁豆，定西小扁豆、羊角扁豆和陕西白粒小扁豆、灰粒小扁豆等在产区都有一定栽培面积。中国在 1996 年以前种植的小扁豆主要是地方品种，目前，全国经审（认）定的小扁豆只有山西省农业科学院、定西市农业科学研究院、固原市农业科学研究所等单位选育的 9 个品种，其中，1996—2000 年 3 个（全国农业技术推广服务中心，2005；宗绪晓等，2008）；2009—2015 年 6 个（陈喜明等，2011，2015；连荣芳，2017；张菊花和宋刚，2017；马晋宏等，2017；程须珍，2016）。这些品种主要集中在甘肃、宁夏和山西等省（区），且多是从地方品种或外引品种中选育而成，已在当地推广应用，成为主栽品种（表 7-3）。

表 7-3 审（认）定小扁豆品种名录（王梅春，2020）

序号	品种名称	选育单位	审（认、鉴）定部门	审（认）定编号	年份（年）
1	秦豆 9 号	陕西省农垦科教中心			1998
2	定选 1 号	定西市农业科学研究院	甘肃省农作物品种审定委员会	甘种审字第 290 号	1999
3	定选 2 号	定西市农业科学研究院	甘肃省农作物品种审定委员会	甘认豆 2009005	2009
4	宁扁 1 号	宁夏农林科学院固原分院	宁夏回族自治区农作物品种审定委员会	宁审豆 2005004	2005
5	固扁 1 号	宁夏农林科学院固原分院	全国小宗粮豆品种鉴定委员会	国品鉴杂 2010006	2010
6	固扁 2 号	宁夏农林科学院固原分院	全国小宗粮豆品种鉴定委员会	国品鉴杂 2013006	2013
7	晋扁豆 1 号	山西省农业科学院玉米研究所	山西省农作物品种审定委员会	晋审扁（认）2010001	2010
8	晋扁豆 2 号	山西省农业科学院玉米研究所	山西省农作物品种审定委员会	晋审扁（认）2014001	2014
9	晋扁豆 3 号	山西省农业科学院玉米研究所	山西省农作物品种委审定员会	晋审扁（认）2015001	2015

美国、叙利亚、印度等国家在 20 世纪 70 年代培育了早熟（80~110d）、晚熟（125~130d），抗锈病、萎蔫病，抗旱耐涝的品系。如美国的 Chilean 78（黄子叶）、Redchief（红子叶），印度的 L9-12、Pant L-406 等是现有较好的品种。

通过杂交育种方法，国际干旱地区农业研究中心 10 余年来已育成并推广应用的小扁豆品种有几十个，如已在阿尔及利亚推广的 FLIP 86-20L，在突尼斯推广的 FLIP84-103L，在澳大利亚推广的

FLIP 84-80L 和在中国有一定面积的 FLIP87-53L 等 FLIP 系列品种。美国育成的品种 Tecka、Large Blond；印度育成的品种 Pusa-l、Pusa-4、T-6、WB-81；埃及育成的品种 Giza 9 等，都是在产量和熟性方面较好的品种（郑卓杰，1997）。

二、国内种植和研究的小扁豆品种

主要有地方品种、选育品种及外引品种。

1. 地方品种

（1）丽江扁豆　云南省地方品种，生育期 160d 左右。株高 40cm 左右，单株分枝 2.6 个，单株结荚 20 个左右，籽粒浅红色，百粒重 3g。

（2）彬县扁豆　陕西省地方品种。株高 35cm，单株分枝 18 个，单株结荚 254 个，百粒重 2.9g，籽粒浅红色，单株产量 12.2g。

（3）定边扁豆　陕西省地方品种，生育期 100d 左右。株高 40cm 左右，单株分枝 7.4 个，单株结荚 110 个，单荚粒数 5.4 个，籽粒浅绿色，百粒重 2.9g。

（4）定西扁豆　甘肃省地方品种。生育期 95~110d。株高 35cm，单株结荚 30~50 个，单株粒数 30~71 粒，籽粒浅黄色，平均百粒重 2.7g。

（5）会宁扁豆　甘肃省地方品种。生育期 100d 左右。株高 40cm，单株结荚 50 个，单株粒数 60 粒，籽粒浅黄色，平均百粒重 2.6g。

（6）平凉扁豆　甘肃省地方品种。株高 45cm，单株分枝 15 个，单株结荚 60 个，百粒重 3.4g，籽粒褐色，单株产量 4.3g。

（7）庆阳扁豆　甘肃省地方品种。株高 40cm，单株分枝 13 个，单株结荚 82 个，百粒重 3.6g，籽粒褐色，单株产量 5.3g。

（8）同心扁豆　宁夏回族自治区地方品种，生育期 90d 左右。

株高 50cm，单株分枝 3.6 个，单株结荚 24 个，籽粒浅黄色，百粒重 2.7g。

（9）右玉小扁豆　山西省地方品种。右玉小扁豆为山西省右玉县地方品种，其优点是籽粒较大、产量较高，而缺点是生育期较长、株高较高和易倒伏。

（10）襄汾小扁豆　山西省地方品种。株高 39cm，单株分枝 7 个，单株结荚 102 个，百粒重 2.2 g，籽粒浅红色，单株产量 3.8g。

（11）靖远粉红扁豆　甘肃省地方品种。生育期 102d。株高 41cm，单株分枝 8 个，单株结荚 34 个，单株粒数 50 粒，单株产量 1g，百粒重 1.9g，籽粒粉红色。

（12）羊角扁豆　甘肃省地方品种。生育期 103d。株高 46cm，单株分枝 8 个，单株结荚 51 个，单株粒数 20 粒，单株产量 7.6g，百粒重 3.9g。

另外，还有山西宁武小扁豆、保德小扁豆（陈喜明等，2011）、陕西白粒小扁豆、灰粒小扁豆、榆林扁豆、扶风麻扁豆、镇安灰扁豆、大荔扁豆（张传乃等，1990）；定扁 5 号、庆阳绿扁豆（冯敏等 2019）等在参考文献中出现，但无具体品种介绍。

2. 选育品种

（1）秦豆 9 号　陕西省农垦科教中心由韩城扁豆系选而成，1998 年通过审定。该品种株高 30~40cm，株型紧凑，直立。有效分枝 3~4 个，花淡紫色，单株结荚 30~80 个，百粒重 5g，籽粒淡黄色，商品性好。秋播生育期 230d 左右，春播 150d 左右。耐瘠、耐旱，适应性强，抗倒伏，高抗白粉病。

（2）定选 1 号　定西市农业科学研究院（原定西市旱作农业科研推广中心）从中国农业科学院作物科学研究所引进的 C87 中选育而成。1999 年通过甘肃省品种审定委员会审定并命名为“定选 1 号”（甘种审字第 290 号）。

定选1号全生育期72~94d。株高22~36.5cm，分枝3.5~5.5个，白花，花朵很小。主茎荚层数4.7~8.8层，每层荚数1.6~2.6个，单株荚数8.4~30.6个，荚长1.6cm，荚宽0.7cm。每荚粒数1.4~1.8粒。株粒数17.4~52.3粒，株粒重1.65~2g，百粒重32.6~39g。籽粒淡绿色，籽粒饱满，粒型扁圆，脐色白。籽粒粗蛋白含量28.7%，粗脂肪0.45%，淀粉56.6%，赖氨酸2.09%，灰分2.44%。抗寒、抗旱能力强，抗倒伏，耐瘠薄，适应性广，商品性好。平均产量700~1 700kg/hm^2。适宜甘肃中部、宁夏南部山区干旱半干旱区、阴湿区旱地种植。

（3）定选2号　定西市农业科学研究院（原定西市旱作农业科研推广中心）从青海省农林科学院1992年由国际干旱中心引进的扁豆ILL6980中选育而成。2009年通过甘肃省品种审定委员会认定并定名为“定选2号”（甘认豆2009005）。

定选2号综合农艺性状优异。生育期87d。单株有效荚数16个，千粒重38.4g，单株粒数25.5个，双荚率44.4%，粗蛋白含量24.9%，赖氨酸含量1.59%，粗淀粉45%。产量900~1 800kg/hm^2。适宜在年降水350mm左右，海拔2 500m以下的半干旱山坡地、梯田地和川旱地种植。在定西干旱地区及其同类地区大部分地方可作为主栽品种，特别是在根腐病重发区，可以推广应用。

（4）宁扁1号　由宁夏回族自治区固原市农业科学研究所选育。生育期72~96d。该品种幼苗深绿色，茎秆、托叶绿色，叶缘齐，株型直立，生长整齐。株高20~35cm，分枝2.5~4个，主茎夹层数4.8~8.6，每层荚数1.7~2.4个，每株荚数8.2~21.6个，荚长1.5~1.8cm，荚宽0.6~0.8cm，荚型肾状，每荚粒数1.5~2个，株粒数15.2~48.5粒，株粒重1.8~3.2 g，花白色，籽粒淡绿色，扁圆形，脐白色，千粒重52.2~55.6g。是宁夏大粒型扁豆新品种。籽粒蛋白质含量29.04%，粗脂肪0.72%，粗淀粉45.62%，灰粉2.5%，氨基酸 1.51%，抗寒、抗旱，耐瘠薄，产量水平 1 350~1 920kg/hm²。

（5）固扁 1 号 固扁 1 号由宁夏回族自治区固原市农业科学研究所从地方品种中筛选而成。幼苗淡绿色，株型直立，株高 27.6~34.5cm，长势强。叶片长椭圆形，绿色，叶缘齐，顶叶卷须状。幼苗茎秆浅棕色，成株绿色，圆形、中空，直立，节数 12~14 个，主茎分枝 3~4 个。花白色，肾状荚果，长 1.3~1.5cm，宽 0.4~0.6cm，每荚粒数 1.5 个，主茎荚层数 5.8~8.6 层，每层荚数 1~2 个，单株荚数 8.2~31.6 个，株粒数 12.6~47.4 粒，株粒重 0.4~1.43g。籽粒扁圆形，浅灰色，千粒重 27.9~30.1g，属小粒型品种。粗蛋白质含量 24.74%，粗脂肪 1.24%，粗淀粉 51.68%。

该品种为早春播中熟旱地品种，生育期 72~80d；种子发芽最低温度在 3~4℃，当气温低于 -3℃时受冻害，生长最适温度 25℃，耐瘠薄，抗倒伏，抗逆性强；适应性广，不仅在宁夏干旱、半干旱和阴湿区旱地均有种植，而且在甘肃、陕西、内蒙古部分地区正常年份生长良好。无病害，增产潜力大，易落荚。产量 800~1 500kg/hm²，高者可达 3 000kg/hm²。

（6）固扁 2 号 由宁夏回族自治区固原市农业科学研究所从中国农业科学院作物科学研究所引入的小扁豆 C365 中系统选育而成，2013 年通过国家小宗粮豆品种鉴定委员会鉴定，编号国品鉴杂 2013006。

幼苗深绿色，株型直立，生长整齐，株高 28.5~30cm。叶片长椭圆形，叶缘齐，顶叶卷须状。茎秆绿色，主茎分枝 2~4 个。花蝶形，白色，肾状荚果，荚长 1~1.5cm，宽 0.5cm，单株荚数 12~36 个，每荚粒数 1.3 个，株粒数 20~50 粒，主力株粒重 0.88~1.7g，籽粒扁圆形，棕色，粒色一致，籽粒饱满，粒型整齐，色泽鲜亮。

早春播，旱地中熟品种，性状稳定，生育期 70~84d。种子发芽最低温度在 3~4℃，当气温低于 -3℃时受冻害，生长最适温度

25℃；千粒重33.5~46g。籽粒淀粉含量58.2%，脂肪0.4%，蛋白质26.8%；耐瘠薄，适应性强，抗倒伏。抗寒、抗旱、抗病，产量1 050~2 250kg/hm^2。

（7）晋扁豆1号　山西省农业科学院玉米研究所以甘肃农家种平凉小扁豆作基础材料，利用系统选择法选育而成。2010年通过山西省农作物品种委员会认定并定名为晋扁豆1号，审定编号为晋审扁（认）2010001。

晋扁豆1号是春性旱地品种，生育期85~95d。幼苗颜色深绿，生长整齐，长势强。株型直立，株高30~43cm。花色浅紫，单株分枝9个，单株结荚70个左右，单荚平均粒数1.8个，种皮粉红色，子叶米黄色，籽粒扁圆，脐白色，千粒重25.2~31.1g，属小粒种。蛋白质含量为27.5%，粗脂肪含量为1.33%，淀粉含量为41.07%，游离氨基酸含量7.73%。产量表现890~1 200kg/hm^2。抗旱耐寒能力强，抗倒伏，耐瘠薄，抗病虫害，产量高且稳定，适应性强，增产潜力大。适于在晋西北高寒区及同类生态区种植。

（8）晋扁豆2号　晋扁豆2号是山西省农业科学院玉米研究所以农家种右玉小扁豆为基础材料，通过系统选择法选育而成。2014年通过山西省农作物品种审定委员会认定并命名为“晋扁豆2号”，审定编号为晋审扁（认）2014001。

生育期（从出苗至成熟）89d，比对照晋扁豆1号品种（87d）晚2d。田间生长整齐，生长势强。株型直立，叶型为羽状复叶，株高34cm，主茎分枝数9个。单株荚数65个，荚长1.5cm，单荚粒数1.8个，茎秆色黄褐色。花冠白色。籽粒形状厚凸透镜形，种子表面光滑，百粒重3.97g，种皮青灰色。生长整齐，抗旱，抗倒伏，稳产高产性好，适于晋北地区及同类生态区种植。经农业农村部谷物及制品质量监督检验检测中心（哈尔滨）进行品质分析，晋扁豆2号的粗蛋白含量为31.21%，粗脂肪含量为2.94%，粗淀粉含量为41.39%，游离氨基酸含量为 1.35%。晋扁豆 2 号在 2007—2008 年在山西省农业科学院玉米研究所进行品系比较试验，2 年平均产量为 1 603.6kg/hm^2，比对照小扁豆 1 号增产 20.5%。2009—2010 年参加山西省品种区域试验中，晋扁豆 2 号在 4 个试验点全部增产，2 年平均产量为 1 552.5kg/hm^2，比对照晋扁豆 1 号增产 16.7%。2011—2012 年参加山西省生产试验中，晋扁豆 2 号 2 年平均产量为 1 524.2kg/hm^2，比对照晋扁豆 1 号增产 14.6%。

（9）晋扁豆 3 号　晋扁豆 3 号是山西省农业科学院玉米研究所小杂豆课题组以晋北农家小扁豆品种为基础材料，利用系统选择法选育而成的小扁豆新品种，2015 年通过山西省农作物品种审定委员会认定并命名为“晋扁豆 3 号”，审定编号为晋审扁（认）2015001。

生育期（出苗—成熟）平均 84d，较对照品种晋扁豆 1 号的 86d 早 2d 。田间生长整齐，生长势强。株型半直立。茎秆黄褐色。叶型为羽状复叶，平均株高 33cm，平均主茎分枝数 7.6 个，平均单株荚数 123.8 个，平均荚长 1.6cm，平均单荚粒数 1.8 个。花冠白色，籽粒形状厚凸透镜形，种子表面光滑，平均百粒重 3.86g，种皮浅红色。经农业农村部谷物及制品质量监督检验检测中心（哈尔滨）分析可知，粗蛋白（干基）含量为 31.06%、粗脂肪（干基）含量为 2.44%、粗淀粉（干基）含量为 41.51%、游离氨基酸（干基）总量 1.18%。适宜种植区域为山西省北部冷凉区及国内同类生态区。2013 年参加山西省小扁豆直接生产试验，5 个参试点全部增产，平均产量 1 435.5kg/hm^2，较对照晋扁豆 1 号平均产量（1 300.5kg/hm^2）增产 10.38% 。2014 年参加山西省小扁豆直接生产试验，5 个参试点全部增产，平均产量 1 428kg/hm^2，较对照晋扁豆 1 号平均产量（1 281kg/hm^2）增产 11.48%。

3. 外引品种

（1）英国小扁豆　1986 年由定西地区粮油公司从英国引进。生育期102~113d，比对照晚熟7~14d，属中晚熟类型。该品种根系发达，枝叶繁茂，耐旱，耐瘠。株高26~60cm，主茎分枝数3.6~5.6个，单株有效荚数24~39.1个，单荚粒数一般1粒，最多2粒。籽粒大，直径0.5~0.7cm，百粒重平均5.4~6.5g，最高7.5g。双荚、三荚率较高，分别为40.8%和15%。籽粒营养物质含量丰富，粗蛋白含量26.84%，赖氨酸2.68%，均略低于对照，淀粉44.78%，粗脂肪0.93%，均高于对照。灌浆成熟和落黄性较好。丰产性、稳产性较好，对地点间的变化有中等适应性，对年度间的变化有较好的适应性，适宜在甘肃中部小扁豆产区种植。

产量表现：1986年在定西、陇西、通渭3县8个点进行的多点品比试验，平均产量1 582.5kg/hm^2，比本地扁豆（CK）增产14.7%；1987年在定西、陇西、通渭、会宁等县8个点进行的品比试验，平均产量955.5kg/hm^2，比对照增产67.6%；1988—1989年参加地区区域试验，20点次平均产量684kg/hm^2，增产14%。1986—1988年在定西、陇西、榆中等县进行多点对比示范，面积11hm^2，平均产量1 296kg/hm^2，比对照增产46.4%。1988年在定西县石泉乡示范种植10.3hm^2，平均产量1 275kg/hm^2，最高达2 400kg/hm^2。1990年已在定西、陇西、会宁等县种植300多公顷。

（2）中绿扁豆　1987年引进。生育期100~105d，比对照晚熟5~10 d，属中熟类型。该品种耐旱，耐瘠薄。枝叶繁茂，株高22~35cm，主茎分枝3~4.8个，单株有效荚数20~31个，平均单荚粒数1.1~1.3粒，最多2粒，籽粒中等，直径0.4~0.5cm，千粒重47.3g，最高55g。双荚率、三荚率较高，分别为39.9%和17.5%。籽粒营养物质含量丰富，粗蛋白含量28.45%，淀粉44.55%，粗脂肪0.74%，赖氨酸3.12%，均高于对照。灌浆、成熟、落黄性好。丰产性好，适应性中等。适宜在甘肃中部扁豆产区种植。

产量表现：1987年在定西、陇西、通渭、会宁4县9个点进行多点品比试验，平均产量 973.5kg/hm^2，比当地扁豆（CK）增产 54.5%；1988—1989 年参加地区区域试验，20 个点次平均亩产 799.5kg/hm^2，比对照增产 16.9%，列参试品种之首位；1988 年在定西县葛家岔、御风、青岚、宁远 4 乡进行生产示范，面积 0.11hm^2，平均产量 850.5kg/hm^2，比对照增产 16.9%。到 1990 年已在定西、陇西等县示范种植 66.7hm^2 以上（骆得功，1990）。

（3）大绿扁豆　生育期 104d。株高 32cm，单株有效荚数 31 个，单株粒数 36 个，双荚率 51.6%，三荚率 24.4%，百粒重 6.3 g。

（4）深绿扁豆　生育期 98 d。株高 24cm，单株有效荚数 27 个，单株粒数 33 个，双荚率 50.6%，百粒重 5.7 g。

（5）小绿扁豆　生育期 101d。株高 24cm，单株有效荚数 37 个，单株粒数 48 个，双荚率 43.7%，三荚率 49.5%，百粒重 3g。

（6）英国黑扁豆　生育期 106d。株高 44cm，单株分枝 6 个，单株结荚 27 个，单株粒数 16 个，单株产量 6.5g，百粒重 4.1g。

（7）英国红扁豆　生育期 100d。株高 43cm，单株分枝 10 个，单株结荚 51 个，单株粒数 57 个，单株产量 1.2g，百粒重 2.5g。

（8）加拿大小扁豆　生育期 110d。株高 35cm，单株分枝 4 个，单株结荚 25 个，单株粒数 28，单株产量 6.7g，双荚率 55.6%，三荚率 9.0%，百粒重 4.1g。

（9）小红扁豆　生育期 91d。株高 20cm，单株有效荚数 31 个，单株粒数 46 个，双荚率 22.3%，百粒重 3.7g。

（10）法国绿扁豆　生育期 104d。蔓生，分支性强。茎暗紫色，叶片绿色，叶脉和叶柄暗紫红色。花序长，结荚多。成熟籽粒表皮绿色带有黑色斑点，百粒重 3.2g，蛋白质含量 29.9%，粗淀粉 48.8%，赖氨酸 1.45%。抗旱性强，耐热，品质优，较抗根腐病，采收期长，产量高。

本章参考文献

陈喜明，高克昌，韩云丽，等，2011. 小扁豆新品种晋扁豆 1 号的选育及栽培技术 [J]. 农业科技通讯（5）：143–144.

程须珍，2016. 饭豆、小扁豆等生产技术 [M]. 北京：北京教育出版社 .

冯敏，肖正璐，付金元，2019. 庆阳市小扁豆绿色生产栽培技术 [J]. 农业科技通讯（9）：314–315.

寇思荣，王思慧，金维汉，1992. 小扁豆杂交技术初探 [J]. 甘肃农业科技（11）：9.

连荣芳，2010. 旱地扁豆新品系 ILL6980 引育报告 [J]. 甘肃农业科技（1）：13–14.

骆得功，1990. 旱地扁豆新品种英国扁豆、中绿扁豆 [J]. 作物杂志（4）：16.

马晋宏，陈喜明，韩云丽，等，2017. 小扁豆新品种晋扁豆 3 号的选育经过及高产栽培技术 [J]. 现代农业科技（21）：46–47.

全国农业技术推广服务中心，2005. 全国农作物审定品种名录 [M]. 北京：中国农业科学技术出版社 .

温日宇，陈喜明，刘建霞，等，2015. 小扁豆新品种晋扁豆 2 号的选育及栽培技术 [J]. 安徽农业科学，43（2）：41，44.

张传乃，袁公选，蔺崇明，1990. 小扁豆生长和开花特性的观察 [J]. 陕西农业科学（4）：28–30.

张菊花，宋刚，2017. 固扁 1 号小扁豆选育报告 [J]. 种子世界（1）：40–41.

郑卓杰，1997. 中国食用豆类学 [M]. 北京：中国农业出版社 .

宗绪晓，关建平，2008. 食用豆类资源创新品种选育进展及发展策略 [J]. 中国农业信息（9）：35–38.

Erskine W, Muehlbauer F J, 1991. Allozyme and morphological variability, outcrossing rate and core collection formation in lentil germplasm[J]. Theor Appl Genet, 83(1): 119–125.

Goyal S M, Jaimini S N, Tikka S B, 1976. Combining ability analysis for seed yield and some biometric characters in lentil[J]. Lens Nwsl (4): 10–13.

Tullu A, Kusmenoglu I, Mcphee K E, et al., 2001. Characterization of core collection of lentil germplasm for phenology, morphology, seed and straw yields[J]. Genetic Resources and Crop Evolution, 48(2): 143–152.

Wong M M L, Gujaria-Verma N, Ramsay L, et al., 2015. Classification and Characterization of Species within the Genus Lens Using Genotyping-by-Sequencing（GBS）[J]. Plos One, 10(3): 122 025.

第八章　生产现状及产业发展

第一节　生产现状

一、国外生产概况

小扁豆多种植于冷凉高海拔和干旱半干旱地区。全球年种植小扁豆 10 000hm^2 以上的国家有 20 个，主要分布在西亚、北非、南亚、北非、北美洲和大洋洲等地区。小扁豆产量仅次于大豆、豌豆、鹰嘴豆、蚕豆、豇豆，居第六位。1989 年以来，小扁豆生产逐年增加，1989 年 208 万 t，1999 年 295 万 t，2009 年 386 万 t，2017 年增加到了 759 万 t，较 1989 年增加了 26.5%，每年以 9.5% 增长率增长；单产也由 650kg/hm^2 增加到了 1153kg/ hm^2。2017 年，全球扁豆收获面积 658.28 万 hm^2，总产量 759 万 t，然而在国际食用豆生长中所占份额较小，2010—2017 年小扁豆生产占食用豆生产总量的 6%，平均单产 926kg/hm^2（图 8-1）。

在小扁豆主产国中，加拿大和印度是世界上最大的扁豆生产国，两国扁豆生产占全球生产总量的 63%（图 8-2）。2007—2017 年，加拿大小扁豆生产呈指数增长，2007 年生产 73.4 万 t，到 2017 年生产达到了 373.3 万 t，增长了 5 倍。在此期间，加拿大、美国、澳大利亚和中国的小扁豆产量一直呈上升趋势，但印度、土耳其、叙利亚、伊朗、尼泊尔和孟加拉国的产量相对稳定（图 8-3）。2017 年加拿大小扁豆生产 373 万 t，印度 122 万 t，分别占世界总产量的 49% 和 16%，其次为土耳其（8%），美国（6%）、尼泊尔（4%）、澳大利亚（4%）、中国（3%）。2017 年，全球小扁豆平均产量 1 153kg/hm^2，加拿大 1 513kg/hm^2，印度 736kg/hm^2。

在不同类型的扁豆生产中，加拿大和美国生产的小扁豆主要是绿子叶扁豆，而其他国家主要以红扁豆生产为主，北美产的扁豆种子比印度和中东产的大。种子有棕褐色、棕色或黑色，有些品种的种子呈紫色或黑色斑驳。在国际扁豆贸易上，澳大利亚、加拿大、土耳其等国主导小粒红扁豆的市场，而加拿大和美国则主导大粒绿扁豆的市场。根据加工需求有脱壳和不脱壳小扁豆。

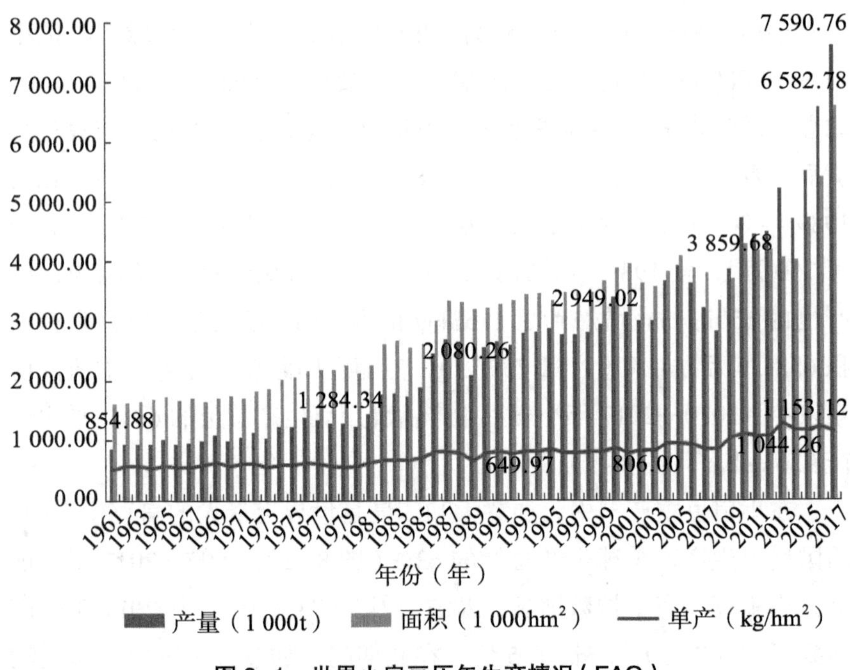

图 8-1　世界小扁豆历年生产情况（FAO）

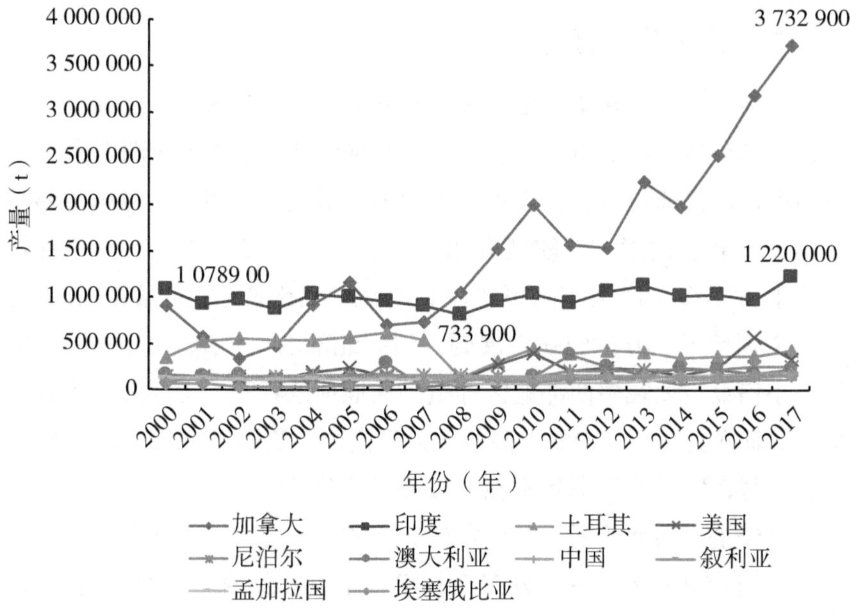

图 8-2　世界主产国小扁豆生产走势情况（2000—2017 年，FAO）

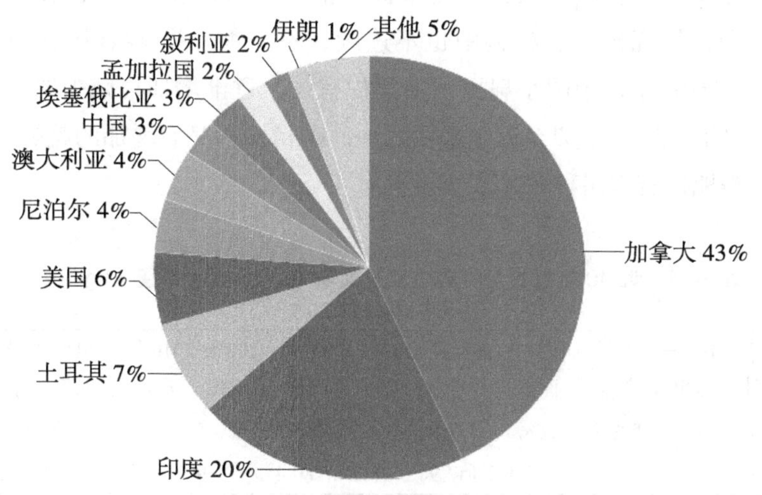

图 8-3　2008—2017 年期间世界小扁豆主产国（FAO）

二、国内生产概况

小扁豆在中国栽培历史悠久。叶静渊（1995）考证，小扁豆是一种古老的作物，栽培历史已有 8 000~9 000 年，起源于亚洲西南部和地中海地区，通过古丝绸之路传入中国。引入后，明、清时期主要在甘肃、宁夏、内蒙古、陕西和山西等省（区）栽培推广，青海省栽培的地方不多。民国年间更扩展到河北、河南两省的北部以及云南省的个别地方；20 世纪初发展到四川省北部的个别地方，进入 21 世纪，小扁豆主要在中西部地区种植。从地理位置看，主要分布于高原地区，即黄土高原、内蒙古高原、云贵高原、青藏高原等；从自然条件看，主要分布于生态条件相对较差的高寒山区、干旱半干旱地区；从区域经济发展水平看，主要分布于经济欠发达地区，即老少边贫地区；从行政区域看，主要分布在甘肃、宁夏、陕西、山西、内蒙古、云南、西藏等省（区），河南、河北等地有零星种植。

长期以来，各主产省（市、县）对小扁豆的种植面积和产量缺乏单独系统的统计，数据资料常被包括在夏杂粮和秋杂粮的统计数据之中，研究论文、材料中也不连续、不完整。据 FAO 统计资料，1971—2016 年，中国小扁豆种植面积有一个逐渐增加再减少的过程，单产水平在逐渐增加，近年来西北地区种植面积又有增加的趋势，在山东等地也有零星种植（表 8-1）。

表 8-1　近 40 年世界与中国小扁豆面积（万 hm^2）、产量（kg/hm^2）（王梅春，2020）

统计范围	1971—1980 年		1981—1990 年		1991—2000 年		2001—2010 年		2011—2020 年 *	
	面积	产量	面积	产量	面积	产量	面积	产量	面积	产量
世界	204.5	598.9	288.0	727.9	347.3	815.5	380.5	914.2	445.2	1 147.7
中国	—	—	2.1	1 157.9	8.2	1 280.1	7.9	1 753.0	6.2	2 250.8

注：* 世界、中国的面积、产量数据更新至 2016 年。

历史上中国小扁豆曾有过较大面积的种植，20 世纪 80 年代末至 90 年代初，曾是主要的出口创汇作物，后来全国各地随着出口量的减少及农业产业结构的调整，种植面积逐年减少。过去 10 多年来，小扁豆大都在山区种植，多为广种薄收，粗放管理，栽培靠人，收获靠天，产品主要是自产、自用、自销，有种植而无规划，有产区而无规模，无法形成规模效益。近年来，在甘肃省定西地区，随着地膜玉米面积的稳定，轮作倒茬、退耕还林还草工程的实施及人们对多种豆类作物需求的增加，小扁豆种植也由山区逐渐向梯田地、川区转移，“一膜两用”种植小扁豆的面积也在增加，即前茬地膜玉米收获后，地膜不揭留在地里，第二年在旧地膜上种植小扁豆。

中国干旱半干旱地区总面积约占全国土地面积的 52.5%，小扁豆是年降水量在 250~500mm 的旱作地区农业种植业结构调整的极佳选择（张雄，2003），它可以充分利用旱区的光、热、水、土资源，提高土地的利用率，而且还能把土壤中难溶性磷富集为有效态，增加土壤速效磷含量，是耕作制度改革不可缺少的好茬口，据定西、渭北等地调查，豌豆、小扁豆茬的小麦较重茬小麦增产 20%~30%（杜虎平，2005），将成为 21 世纪及未来人类重要的健康食物源、食品工业原料、天然（有机）食品源和优质的饲料源等。从全国情况看，小扁豆多分布在远离城镇、工业区、无污染源的贫困山区，土壤和空气几乎没有受到污染，生产过程无农药、化肥施用过量及残留超标之忧，是生产小杂粮的一片净土，是天然的绿色食品生产基地，在绿色食品的开发上具有天然优势。

表 8-2 是小扁豆主产区化肥、农药施用情况，其施用量远低于全国平均水平。符合“一控二减三基本”的农业可持续发展理念，在旱作农业的可持续发展中具有重要作用。根据《新中国五十年农业统计资料》相关资料整理数据如下。

表 8-2 黄土高原小杂粮主产区农田化学物质施用量比较（1995—1999 年平均值）（张雄，2003）

省（区）	化肥纯成份施用量（kg/hm^2）	农药施用量（t/hm^2）
陕西	304.40	26.61
甘肃	204.20	32.51
宁夏	278.00	16.70
山西	257.20	45.58
内蒙古	143.40	16.26
平均	237.45	27.53
全国平均	348.51	177.73

注：根据《新中国五十年农业统计资料》相关资料整理。

在新的历史条件和市场环境下，小扁豆在“旱区”更具备发展成为特色作物的优势，充分发挥小扁豆耐旱、耐瘠、抗逆性强、稳产性好等特点，使其成为贫困和欠发达地区的经济支柱，在农业经济结构调整和种植业资源的合理配置中具有举足轻重的作用。

第二节 产业优势及区域规划

一、产业优势

1. 地域优势

干旱缺水是一个世界性的问题，西部旱作地区的气候干旱由来已久。华北、西北等地由于远离海洋、四面环山的特殊地理位置，长期干旱少雨，旱灾频繁，水土侵蚀严重，生态环境条件恶劣，小扁豆耐旱、耐瘠薄、抗逆性强，与旱区秋季雨热同季的气候特点相适应，可以充分利用旱区的光、热、水、土资源，并且年际间产量变异幅度较小，具有稳定的生产力。并且，该区人口密度较小，相对耕地较多。据调查，西北黄土高原地区人均耕地 0.24hm^2，是全国人均耕地的 3

倍；牧草地人均 0.34hm^2，高于全国平均水平；黄土高原地区黄土深厚，降水入渗存储能力强，2m 土层蓄水可达 450~500mm，渗入能力较红壤高出 3 倍，为植物生长发育创造了优越的条件，十分适合小扁豆的栽培。

2. 生产优势

小扁豆生育期短，适应范围广，长期栽培进化过程中形成了对西部生态环境的特殊适应性，还可有效减少水土流失。小扁豆根系还具有根瘤，可以固定空气中的游离氮素，是其他作物的良好前作。同时，食用豆的籽粒、瘪碎粒、荚壳、茎叶蛋白质含量较高，粗脂肪丰富，茎叶柔软，易消化，饲料报酬率高，为发展西部畜牧业提供重要和优质饲料；作为西部传统的粮食作物，小扁豆的这些特点决定了其在种植业结构调整中的重要地位，属首选作物。

3. 品质优势

小扁豆营养丰富，既是西部人民传统口粮，又是现代保健珍品。随着人们健康需要和膳食结构的改善，作为医食同源的新型食品资源，在现代保健食品中将会占有重要地位。

二、存在问题

1. 科研经费不足

西部经济条件落后，小扁豆品种改良无足够的经费，其研究是自发、零散的，缺乏组织和计划，研究梯队尚未形成，从事小扁豆类系统研究的科技人员较少。与禾谷类作物、工业原料作物相比，在基础研究上国家和地区对小扁豆科研资助强度极小。

2. 基础性研究薄弱

种植零星分散，小扁豆类基础性研究薄弱，品种的主要经济性状的遗传规律尚不清楚，对资源潜力不能充分发掘利用，因而品种改良工作相当局限。虽然小扁豆的区域性比较明显，有利于形成产业带，但其规模化却相形见绌。各区域内农户小扁豆种植面积零星分散，商品量不够集中，很难形成区域化种植、规模化生产的格局，不利于实现产业化生产。

3. 产业化体系不健全

小扁豆属于小宗豆类，市场体系不健全，宣传力度不够，研、产、销之间缺乏信息交流，产、销脱节，生产盲目性大，市场价格不稳，产业化进程缓慢，限制了其经济效益的发挥。

4. 信息不畅

小扁豆主产区大多集中在中、西部比较贫困地区，产区农民科技文化素质不高，信息闭塞，缺乏商品意识。加之以户为单位的分散管理和经营，小扁豆生产仍处在零星种植、广种薄收、粗放管理的状况。新品种少，推广速度慢，生产用种以农家品种为主。同时，生产过程中只求产量，不求质量，使得产品质量较差，优质率和商品率低下。据估算，目前西部旱作农区小杂粮的商品率仅为30%左右，严重阻碍产业的发展。

三、区域规划

作物生产具有鲜明的地域特色，是受自然条件影响最大的产业。区域规划，就是要通过科学的规划，努力做到在最适宜的地方生产适宜的农产品，推动各生产要素向优势产区聚焦。在规划过程中，应充分利用主产区的自然资源条件，以生态效益为中心，以“一控二减”农业可持续发展为目标，以市场需求为导向，以农业增效、农民增收为目的，因地制宜，科学规划，合理布局，调整生产，实现小扁豆生产优势区域布局。

第三节　产业发展对策

小扁豆是特色杂粮（豆）作物之一。特色杂粮（豆）生产必须因地制宜，区域生产，扬长避短，按照自然规律和经济规律办事。在西部贫困地区发展特色杂粮（豆）生产具有包括地域优势、资源优势、品质优势、品牌优势、科研优势等的整体优势，更能充分发挥特色杂粮（豆）抗旱耐瘠，水分利用效率高，生产力稳定的特点。产业发展以构建社会主义和谐社会为中心，以提高农民实际收入为目的，以区域化优势布局为前提，以产业化规模生产为基础，以科研创新为导向，实施区域优势布局战略，同时，注重社会效益、经济效益和生态效益的有机结合，全面促进西部特色杂粮（豆）产业健康有序的发展。要实现特色杂粮（豆）的可持续发展，一靠政策、二靠科技、三靠投入，科技是关键，政策、投入是保障，三者缺一不可。

一、政府重视，政策引导，营造特色杂粮（豆）良好的发展环境

西部贫困地区特色杂粮（豆）生产历史悠久，资源优势明显，经济效益显著。因此，产区各级政府应将特色杂粮（豆）作为发展农村经济，加速旱区农民脱贫致富步伐的道路之一，面对前所未有的国际化和市场化大背景，突破“数量农业”老观念，树立“品牌农业”新思想，突破“重粮轻商”老观念，树立“市场农业，比较优势”新思想，着眼全国大市场、大流通和市场需求优质化、多样化特色，加快推进特色杂粮（豆）生产市场化、科技化、标准化、产业化。坚持以市场为导向，以科技为依托，加工出口为龙头，示范引路，规模种植，系列开发，农工贸一体化，产供销发展的基本思路。同时，加强特色杂粮（豆）产区的科技宣传力度，提高产区农民商品生产意识，

并在技术、资金以及产前、产中、产后服务等环节给予帮助和支持，为特色杂粮（豆）生产的持续发展营造良好的环境。

二、进一步加大科技投入，提高科技创新能力

发展特色杂粮（豆）产业必须以科技创新为先导，提高特色杂粮（豆）生产、加工等的科技含量。首先，要把科技服务放在首位，进一步优化农业科技资源配置，增强农业科研单位自身的发展能力和技术贮备，根据农业发展的实际需求和后战略发展的方向，强化科研、推广和开发队伍的建设，加大科研经费和技术力量的投入，进行合理布局和战略调整，逐步形成精明能干的农业科技创新体系，提高新品种选育等科技创新能力，并支持和鼓励科技人员为生产基地和相关企业提供技术服务，提高特色杂粮（豆）优良品种选育推广、先进栽培技术应用和加工技术研究水平。同时，加强农业信息网络建设，形成与全国联网的信息传播系统，搞好信息的预测、收集、分析和发布工作，为农民和企业提供科技信息和市场信息，引导特色杂粮（豆）产业化的正确走向。

三、加强新品种繁育体系建设，因地制宜，实施区域化优势布局生产

特色杂粮（豆）产业化必须以生产基地为依托，充分利用主产区的资源条件，以效益为中心，以市场为导向，因地制宜，科学规划，合理调整特色杂粮（豆）的生产布局，加强新品种繁育体系建设，实施区域化优势布局生产，建立、健全特色杂粮（豆）新品种繁育体系，在确保粮食安全生产的基础上，整合土地资源，发挥区域优势，重点开展品种改良、示范及推广，实现经济效益、社会效益、生态效益的有机结合，走可持续发展的道路。同时建立健全农技推广服务体系，推行生态种植模式，加强特色杂粮（豆）品种质量检测、信息技

术服务及病虫害防治体系建设，为特色杂粮（豆）产业生产、加工及销售提供全方位信息、技术服务。将种植生态系统与种植经济系统统一起来，通过生物食物链的循环，促成无公害、绿色或有机农产品等生态经济链的循环；实施产业化集团发展，产品差别化战略，在特色杂粮（豆）产业集中种植区域内，实行农科教、种养加、农工商一体化经营体系，从整体上推进传统农业向现代农业的转变；实施产品差别化销售，满足不同人群对特色杂粮（豆）的不同需求。

四、注重产品深加工，创造名牌产品，加强产后服务，疏通销售渠道

特色杂粮（豆）产业化依靠地方资源优势，必须以市场需求为导向，通过市场配置各项生产要素，以市场流通拉动特色杂粮（豆）的生产和加工。要开拓占领市场，必须适应市场需求，品种、生产、加工、营销等方面不断创新，不断调整产品结构，提高产品质量，打造名优品牌。特色杂粮（豆）具有现代食品要求的众多功能因子，采取科学开发和合理利用的原则，充分利用特色杂粮（豆）功能性、营养性、保健性等特点，坚持以“特”为贵，以“优”取胜，要把特色杂粮（豆）的初、深加工同生产紧密联系，立足国内消费，着眼国际市场，研究和开发营养保健系列产品。实现就地生产，就地加工增值。将优质小杂粮产品变成集“方便、食用、营养、保健”于一体的优质产品。要树立名牌意识，创出名牌才能打开销路，进一步提高特色杂粮（豆）的经济效益。同时注重品牌宣传，抢先进入市场，占据消费市场，将资源优势转化为市场优势，引导企业进行产业化经营，走可持续发展的道路。

五、加大农业投资力度，实现特色杂粮（豆）的良性循环

特色杂粮（豆）生产中，要立足本地，实行个人、集体、国家三

结合，多层次、多渠道筹措资金，增加投入水平。一方面，要充分利用国家对农业的各项政策，积极争取各种财政扶持项目、农业贷款项目和科技成果转化项目，推动特色杂粮（豆）科学研究和生产的发展；另一方面，要优化投资环境，吸引和鼓励农民企业家兴办特色杂粮（豆）加工产业，以产业化提高经济效益，增强自我发展能力，产学研相结合，力争以研究促进生产开发，加工带动生产，使特色杂粮（豆）呈现良性循环态势。

本章参考文献

程须珍，2016. 饭豆、小扁豆等生产技术 [M]. 北京：北京教育出版社 .

杜虎平，2006. 黄土高原小杂粮生产可持续发展技术体系构建 [J]. 中国农学通报，22（7）：268–271.

龙静宜，林黎奋，侯修身，等，1989. 食用豆类作物 [M]. 北京：科学出版社 .

连荣芳，王梅春，墨金萍，等，2013. 豌豆抗旱育种的实践及建议 [J]. 甘肃农业科技（4）：41–42.

任瑞玉，杨天育，何继红，等，2009. 甘肃省小杂粮生产优势与发展对策 [J]. 中国农业资源与区划，30（2）：68–70.

任瑞玉，何继红，董孔军，等，2014. 甘肃省小杂粮产业竞争力分析及对策建议 [J]. 中国农业资源与区划，35（4）：141–144.

宋刚，金怀玉，徐玉明，等，2006. 宁夏小扁豆生产现状及发展对策 [J]. 杂粮作物（1）：56–57.

邵扬，郭延平，郭青范，等，2018. 临夏春蚕豆产业现状及发展建议 [J]. 保鲜与加工，18（5）：174–178.

王静，王芳，刘雁南，2014. 中国小杂粮出口的比较优势分析 [J]. 世界农业（7）：107–110.

王广斌，解晓悦，2006. 山西小杂粮竞争优势与产业发展研究 [J]. 中国农学通报，22（5）：485–488.

王梅春，连荣芳，肖贵，等，2020. 我国小扁豆研究综述及产业发展对策 [J]. 作物杂志（1）：13–16.

张建华，肖植文，杨晓洪，等，2005. 小杂粮在云南农业产业化中的作用探讨 [J]. 云南农业大学学报（4）：513–517.

张耘，刘占和，王斌，2007. 榆林小杂粮 [M]. 北京：中国农业科学技术出版社 .

叶静渊，1995.《马首农言》中的“扁豆”考辨 [J]. 中国农史（1）:112-113，118.

宗绪晓，关建平，2003. 食用豆类的植物学特征、营养特点及产业化 [J]. 中国食物与营养（11）：33–36.

宗绪晓，关建平，2008. 食用豆类资源创新品种选育进展及发展策略 [J]. 中国农业信息（9）：35–38.

Joshi M, Timilsena Y, Adhikari B, 2017. Global production, processing and utilization of lentil: A review[J]. Journal of Integrative Agriculture, 16(12): 2 898–2 913.

Thavarajah D, Abare A, Mapa I, et al., 2007. Selecting Lentil Accessions for Global Selenium Biofortification[J]. Plants (Basel), 6(3): 34.

Yadav S S, Rizvi A H, Manohar M, et al., 2007. Lentil Growers and Production Systems around the World[M]. Netherlands: Springer.